情绪
价值

THE INVISIBLE WORK
SHAPING OUR LIVES AND
HOW TO CLAIM OUR POWER

[英] 罗斯·哈克曼 | 著

（Rose Hackman）

徐航　潘沂然 | 译

中信出版集团 | 北京

图书在版编目（CIP）数据

情绪价值／（英）罗斯·哈克曼著；徐航，潘沂然译 . -- 北京：中信出版社，2024.2

书名原文：Emotional Labor: The Invisible Work Shaping Our Lives and How to Claim Our Power

ISBN 978-7-5217-6145-0

Ⅰ.①情… Ⅱ.①罗… ②徐… ③潘… Ⅲ.①情商—通俗读物 Ⅳ.① B842.6-49

中国国家版本馆 CIP 数据核字（2023）第 212468 号

情绪价值

著者： ［英］罗斯·哈克曼
译者： 徐航 潘沂然
出版发行：中信出版集团股份有限公司
（北京市朝阳区东三环北路 27 号嘉铭中心 邮编 100020）
承印者： 嘉业印刷（天津）有限公司

开本：787mm×1092mm 1/16 印张：20.5 字数：240 千字
版次：2024 年 2 月第 1 版 印次：2024 年 2 月第 1 次印刷
京权图字：01-2023-6095 书号：ISBN 978-7-5217-6145-0
定价：69.00 元

版权所有·侵权必究
如有印刷、装订问题，本公司负责调换。
服务热线：400-600-8099
投稿邮箱：author@citicpub.com

献给我的母亲茱迪斯
你的名字如此动人

赞　誉

情绪虽司空见惯，但情绪劳动平素却默默无闻；情绪的价值耳熟能详，但情绪劳动的价值依然鲜为人知。该书阐释了情绪劳动及其对人们生活、工作和价值感的影响，尤其揭示了情绪体验等级系统与父权制的关系。这本书观点立场鲜明，文笔生动有趣，不仅令人耳目一新，而且引发反思自省。阅读该书，可以让人领悟女性的能动性和女性化工作形式与特质的力量，心怀美好，温暖前行，更好地成为自己。

——傅小兰　中国科学院心理研究所所长、研究员，中国科学院大学心理学系主任、教授，中国心理学会原理事长、原秘书长

罗斯·哈克曼采访了数百位女性，从情绪劳动的本质和源头出发，帮助我们深刻理解这一概念，并教会我们如何将令人筋疲力尽的情绪劳动转化为向上的力量。情绪劳动是真实的，但它不应该是我们的负担，只有认识到它的价值，才能帮我们爱上已经存在的一切。

——钱婧　北京师范大学管理心理学教授、博士生导师、B 站知名 UP 主（＠钱婧老师）

这是一本"情绪"视角下的女性主义著作：女性的情绪劳动被广泛认为是一种女性"天生的、擅长的，因而也是乐意从事的"劳动。事实上，它是男权制权力结构及其规训的产物，其本质是对女性的情绪剥削，并产生了深远后果。建议对照波伏瓦的《第二性》进行阅读。

——陈云　复旦大学国际关系与公共事务学院教授、
上海人民广播电台时事评论员

《情绪价值》从新的角度揭示了性别不平等的根源，即大多数女性承担着情绪劳动，这分散了她们像男性同事那样追求事业的时间和精力。这本书从社会学、心理学、经济学等方面解释了为何社会评价体系会忽视情绪劳动的价值。重新思考情绪价值不仅有助于我们理解性别不平等，而且为重构职业评价体系提供了新思路。

——封进　复旦大学经济学院教授

身为女性，读《情绪价值》的感觉有点类似读罗素的《论婚姻与道德》，字字句句让人震惊。一个渗透在女性规训中的古老阴谋，榨干女性情绪劳动的价值，她们却不自知。是时候了解这一切，收回本属于她们的平等和公正了。

——杜素娟　华东政法大学教授、B 站知名 UP 主（＠杜素娟聊文学）

父权制的狡黠之处是将视为女性特质的工作转化为女性内在、潜意识的表达方式，这种系统让女性几乎无偿地为他人服务，而情绪劳动成为这个系统的核心。这本书深刻揭秘了被忽视的情绪劳动，激发对女性的尊重和赞赏，让女性得以在各个领域发挥潜力，不再受性别刻板印象和社会压力的限制。

——祝羽捷　作家、策展人

情绪价值本来弥足珍贵，人类文明是从一个人愿意为另一个人停留、关注、照护开始的，怜悯是文明的标志。当代的社会机制迫使情绪劳动变得廉价：无论在传统家庭、科技公司的办公室、璀璨的选美舞台、雇主的厨房，还是在医疗和照护场所，关注、体察以及回应周围人的情绪成为女性持续付出的隐形劳动。其实，这种劳动需要被看见，得到报偿，并且发出自己的声音。这就是为什么当女性开始说话时，历史和现实都会显现新的样貌。

——辽京　小说作者

　　这是一部以女性视角进行关照的学术专著，聚焦于那些未被看见的情绪付出与情绪劳动。这本书将日常故事和案例分析巧妙融合在一起，深具洞见，发人深省。作为学术专著，《情绪价值》真正做到了活泼生动、深入浅出。

——张莉　北京师范大学文学院教授

　　女性承担了家庭和社会的大部分情绪劳动，作为照顾者、倾听者和理解者，很多时候她们被迫交出时间，创造了情绪价值，但这并不是所有人可以看到的事实。哈克曼通过充分的案例，让我们看到真相，从而正视情绪劳动，将其视为真实的工作。

——陈英　四川外国语大学教授、意大利文学译者

　　这本书把对情绪劳动的讨论从工作场合拓展到日常生活中，对被忽视却又普遍存在的情绪劳动进行了定义，指出其女性化的倾向，并引用流行文化、职场等领域的大量案例对情绪劳动进行了系统性与批判性论述，指出其中的性别不平等问题。哈克曼认为，社会对女性的情绪劳动有更多期待，社会体系教育女人应该为男人提供情绪劳动，男人的存在和情绪体验优于女人，因此，情绪劳动中的不公平强化了女人的弱势地位。这本书不仅揭示了女性面临的困境，同时也指出，在父权制与白人至上主义的资本主义体系下，男性也是苛刻的情绪规范的受害者。哈克

曼认为情绪劳动像货币一样，有把所有人联结在一起的作用，这一观点令人耳目一新。哈克曼还倡导建立男女都能共情的社会，呼吁社会承认情绪劳动的价值，提高情绪劳动的地位，并期待所有阶层和性别都进行情绪劳动，以建立一个更加公平的世界。这本书通俗易懂，对社会学、性别研究和心理学感兴趣的读者都可以阅读。

——沈洋　上海交通大学国际与公共事务学院副教授

我们为什么要"讨"人喜欢呢？因为如果不被喜欢，我们就会被排斥、被责怪，不再得到认可，于是"讨"就成了我们的情绪劳动。为他人提供情绪价值，本身就是在付出劳动，而且这种劳动往往被忽略，且无报酬。

——席越　女性励志演讲平台"遇言不止"创始人、作家

在后福特式服务业语境下，资本主义的触角已经延伸到日常生活的各个角落，在物质与身体之后，又侵入人们的情绪。罗斯·哈克曼用极致平实的语言告诉我们，作为一种高度性别化的资源，情绪劳动如何在暗处控制女性的生命体验。一本书或许不能立刻改变现实，但正如作者所言，她想用绝对的诚实与透明，解剖情绪劳动的价值，并重新评估爱与权力的真实关系。在我看来，她的确做到了这一点。

——董晨宇　中国人民大学新闻学院讲师、
B 站知名 UP 主（@董晨宇 RUC）

目　录

推荐序　情绪劳动与情绪价值　席越　/Ⅲ

推荐序　关于情绪劳动的阴谋与企望　杜素娟　/Ⅴ

推荐序　当我们要求情绪价值时，我们在要求什么　携隐 Melody　/Ⅸ

译者序　你的情绪劳动值得被看见　徐航　/ⅩⅤ

引　言　/001

第一章　作为工作：情绪劳动的价值　/017

第二章　权力分配：不为情绪价值付费　/041

第三章　历史溯源：剥削性的情绪价值　/065

第四章　社会规训：好女孩要为他人而活　/093

第五章　暴力威胁：被压制的情绪负担　/121

第六章　那男性呢：人类共情的情绪价值　/149

第七章　情绪市场：恢复情绪劳动的客观价值　/179

第八章　情绪不公：弱者迎合强者的情绪体验　/207

第九章　情绪价值：重新思考价值体系　/235

结语　/259

致谢　/269

注释　/273

推荐序　情绪劳动与情绪价值

席越

女性励志演讲平台"遇言不止"创始人、作家

作为从小被教育"要有眼力见儿"的北京女孩，有很长一段时间，我十分困惑，为什么我的哥哥、弟弟，从来没有被这样要求。如果有长辈来访，被要求端茶、递水果、笑着陪他们聊天的"乖巧"孩子也是我；而我的哥哥、弟弟，则可以在一旁随便玩耍，甚至不用露面。这让我想起这本书第四章的社会规训——好女孩要为他人而活。

很多时候，女孩子不仅被要求学习好、有事业心，还被要求人缘好，能够永远喜悦地出现在别人面前。当然，对于男性也有类似的要求，但对女性的要求远远高于对男性的要求。

当我打开英国作家罗斯·哈克曼的这本《情绪价值》时，我

才明白，原来这一切都是要求作为女性的我们提供的一种情绪劳动——随时为他人服务，不能板着脸，要乖巧且讨人喜欢。但是我们为什么要"讨"人喜欢呢？因为如果不被喜欢，我们就会被排斥、被责怪，不再得到认可，于是"讨"就成了我们的情绪劳动。

为他人提供情绪价值，本身就是在付出劳动，而且这种劳动往往被忽略，且无报酬。所以，如果你在相关环境中，调节自己的情绪表达，甚至隐藏真实情绪，以便适应环境或与环境互动，那么你就是在进行情绪劳动。

我发现身边的人大部分时间都在做情绪劳动，而且随着年龄增长，我们面对的人群越多，我们要"劳动"的情绪也越多。下属可能要看上司的脸色行事，根据上司的情绪来转换自己的表达和心情；在两性关系中，时常会有一方隐藏自己的真实感受，为了迎合对方的情绪；"讨好型人格者"更甚，优先照顾他人情绪是频繁出现的行为。这些都是情绪劳动，在种种压力的驱动下，消耗我们的情绪、体力和灵魂。

所以，一方面，我们不能过多地要求别人对自己进行情绪劳动；另一方面，我们要更多地观照自己的内心，想想自己是否正在进行情绪劳动。

这本书让人们认知、了解自己的情绪，进而觉醒。你可能会突然认识到，你之所以觉得很辛苦，是因为情绪劳动过于繁重。

希望我们都能了解情绪劳动和情绪价值，知而后行。

推荐序　关于情绪劳动的阴谋与企望

杜素娟

华东政法大学教授、B 站知名 UP 主（@杜素娟聊文学）

身为女性，读《情绪价值》的感觉有点类似读罗素的《论婚姻与道德》，字字句句让人震惊。从这本书中，你会看到一个古老且巨大的阴谋，你不知道这个阴谋具体成于何时，也并不存在具体的主谋，但这个阴谋就是随着人类的发展而不断渗透，渗透到对每一个女性有声和无声的规训之中，让她们以自认天职和追求美德的态度，对自身被剥夺的权利和平等茫然无知。

在人类历史上，对于女性的规训阴谋是数不胜数的。《情绪价值》聚焦其中至为重要的一种——规训女性进行情绪劳动。

作者认为情绪劳动"是一种原始的训练，训练女人和女孩要先修正自己的情绪表达，以适应他人的情绪，让他人感到更愉快"。女性要忍耐，要安静，要温柔，要包容，要做解语花。在漫长的人类历史上，这几乎是全世界各个民族对于女性的共同塑造和要求。

忍耐、安静、温柔、包容、解语……是人们为社会和他人付出的情绪劳动，不只是女性，男性也完全可以做到且理应做到。但是当社会暗示这是属于女性的品质时，看似是对女性的赞美，其实是把情绪劳动单方面分派给了女性，使原本两性之间互相的情绪劳动服务，变成单向的情绪劳动服务，即立足男性和社会群体的利益，要求女性提供情绪劳动。

随之而来的就是最常见的规训：一个能够为他人而活的女人，才是好女人。

压抑自己的情绪，把别人的情绪放在第一位，这种情绪劳动被视为女性的天职，甚至冠以美德之名，驱使女性自觉付出和牺牲，接受这份被视为理所当然的义务。

这本书用社会调查和数据的方式告诉我们，女性在家庭、社会和职业领域中承担了巨大的情绪劳动，以满足这些领域中其他人的情绪需要。但是，由于它被视为女性应尽的义务，女性的付出和牺牲被严重无视和忽略，她们更未得到一分钱的报酬。当然，也没有任何一部劳动法会保障女性承担情绪劳动所应得的报酬。

这本书详尽地分析了女性情绪劳动被榨干的各种方式：道德绑架下的社会规训，权力压制和暴力威胁下的自我隐忍。这些分析让我们看到很多司空见惯的女性美德追求和自我认知背后隐藏着失权与不公。

同时，这本书也指出，单纯地把情绪劳动归于女性，同样也会导致男性生存的麻烦——相对于规训女性要投入情绪劳动，他们被规训要隔绝情绪劳动，以并不存在的纯粹理性为荣。这会导致他们缺乏对共情能力的训练和追求。作者有趣地声称，这将"使他们无从获得积极、相互联系的关系"，甚至"减少他们在地球上生活的时间"。

情绪劳动，作为一种满足他人和群体情绪需求的劳动，对于人类的生存发展至为重要。但这种劳动不应只是某个性别的负担，而应是两性之间、社会成员之间双向交互的付出。如何才能实现这种平等的双向"奔赴"呢？在人们意识到存在这个问题之前，所谓"实现"就远在天边。

情绪劳动，作为人类劳动的一种，是否能够像其他劳动一样被看见、被重视，甚至被回报呢？在当下的商业社会中，是否存在可以获得现金回报的情绪劳动，那又是一些怎样的情绪劳动呢？假如在未来的世界里，人们可以用情绪劳动作为解决生存问题的核心劳动方式，把情绪价值当作价值体系的核心元素，这个世界又是否值得期待呢？

如果你也被这一系列讨论吸引，那就不妨读一读这本书。

推荐序　当我们要求情绪价值时，我们在要求什么

携隐 Melody

前投行人和招聘官、《纵横四海》播客主理人、携隐教育创始人

如果要为近二十年来亲密关系话题选择一个关键词，我会选择"情绪价值"。

这个词极富意味。一方面，它已成为现代人从亲密关系中寻求的核心价值之一，这反映了我们与父辈在理解亲密关系和两性相处上的根本变化。然而，另一方面，尽管它是核心诉求，却似乎主要出现在女性对男性伴侣的期望中。我们很少听到男性在选择伴侣时强调："其他的不重要，关键是她要提供情绪价值。"

这是因为男性不像女性那样重视情绪价值吗？并非如此。实际上，情绪价值被视为女性伴侣的默认属性。无论是以外貌取悦丈夫、照顾家庭，还是作为女主人维护亲友关系，或者提供所谓

的女性更擅长的共情力，这些被视为女性自然要提供的情绪价值。而那些无法提供这类情绪价值的女性，在婚恋市场上往往被视为"无价值"。

因此，我对"情绪价值"这一概念有着复杂的看法。它的出现象征着女性开始要求伴侣像她们一样提供情绪价值，实现情感上的平等。但这一诉求的特别强调，而非作为亲密关系中默认存在的要素，也表明了两性在情绪价值提供上的巨大不平衡。

此外，情绪价值的定义广泛而抽象，使得即使女性感知到这种需求，也难以将其具体化为行动要求。什么才是情绪价值？关心、问候足够吗？爱的表达应该如何界定？深层次的交流和认真对话算不算？对劳动的认可、尊重和分担，这些又该被视作情绪价值的一部分吗？

如何回答这些问题？我们如何为情绪价值提供清晰的定义，将其从抽象且迫切的需求转变为更具体的要求？我们应该如何界定两性在亲密关系中的责任，并评估双方的付出是否平等？不仅在亲密关系中，在职场和整个社会的各种场合中，情绪价值扮演着何种角色？

这些问题经常让我困惑，我感觉内心有答案，却无法用言语清晰表达。然而，在《情绪价值》这本书中，这些问题都得到了深刻解答。书中最让我惊叹的"啊哈时刻"，是哈克曼为造成这些问题的那头大怪兽赋予了一个名字——情绪劳动。

什么是情绪劳动？它是我们为了给他人营造良好感受，而将自己的感受置于次要地位，不是为了自己愉悦，而是为了他人愉悦所做出的努力。处理琐事、共情倾听、为了他人的自尊"给面子"，这些都是情绪劳动。

只有正确地命名这头怪兽，我们才能真正抗衡它。情绪劳动的准确命名，使我终于看到了通常被忽视、被低估的不是情绪价值（事实上，从"母爱的伟大"到"温柔的力量"，从"解语花"到"正能量"，情绪价值经常被提及、被赞美），而是情绪价值背后的劳动。

"劳动"这个词，使我们暂时放下男性价值与女性价值之争，回归到一个更基本的真理：价值不是凭空出现的，也不是与生俱来的，而是劳动创造的。并不是女性天生就擅长某些事情，因此就自然而然地具有价值，就像天降价值光环，走到哪儿，照亮哪儿，毫不费力。相反，每个人都需要通过付出劳动来创造价值。这种认知让长期以来被故意无视的那些为产生价值做出的努力、投入的时间、承担的牺牲，从隐形变得有形。

"劳动"这个词还帮助我们更具象地认识到，那些对女性施加的"好女孩规范"背后的巨大成本。无论是走在路上遭遇骚扰的情绪处理，还是对女性刻板印象的不断纠正，无论是职场中的性别形象管理，还是在性别话题上反复解释女性所处的职场、家庭、社会地位和不平等遭遇，这些都是繁重的情绪劳动。而当前社会对情绪劳动的总体态度，往往是无偿或低偿征用。

虽然女性是在不获得相应报酬和认可的情况下，付出大量情绪劳动的主要群体，但情绪劳动与无偿或低偿相结合，以及与低下地位相结合，伤害的绝不仅仅是女性。这种社会规范不可避免推动所有人尽力逃避情绪劳动。这意味着真正的亲密关系变得越来越稀缺，家庭也越来越不稳定，因为维系这些都离不开大量的情绪劳动。这也意味着整个社会都在这种无形的歧视下，逐渐放弃自我情感的表达和感知——放弃充分感受世界，享受生活和爱的能力。

当一个人失去了爱的能力，他并不会自动变成爱和幸福的纯粹接收者。爱是一种主动行为，是从内心生发的力量，是心灵的源泉，而非等待灌注的池塘。越是逃避情绪劳动，我们就越会失去爱的锻炼，这种能力也会逐渐枯竭。随着时间的推移，人们可能逐渐失去爱的本能，变成内心渴望爱却总是将他人推开的人。这是当代社会推动的悲剧。

情绪劳动对社会的健康运转至关重要。孩童在充满爱与细心照料的环境中茁壮成长，学生在老师的关爱和鼓励下挖掘出自身最大潜能，工作者在家庭的滋养下勇敢面对职场挑战，老年人在周到的关照下安享晚年。缺乏这些情绪劳动，社会将无法正常运转。

在职业领域内，情绪劳动同样发挥着核心作用。每个行业都需要一种情绪稳定、团结协作、积极向上的工作环境。高压和冷漠所带来的心理负担和摩擦成本，不仅会对企业造成重大损失，还可能导致整个组织结构的崩溃。

情绪劳动，作为维系我们人类社会关系的核心元素，却在当前的社会规范中被轻视，地位如此低下。这是不是一件非常荒谬的事情？

我们每个人，无论男性还是女性，都是这种荒谬性的受害者。在这种奇怪而扭曲的社会规范中，除了极少数利益摄取者，没有赢家。我们每个人都应该从种种虚假的"获益"和"地位"中觉醒，追求真正的权利和幸福。

让我们从阅读《情绪价值》这本书开始吧。

译者序　你的情绪劳动值得被看见

　　大学时，我有一个好朋友——女生，身材娇小，但很有主见，口才很棒。她加入了学校的辩论队，时常和我们分享一些在辩论队训练的故事。有一次，她和我分享辩论队男队长的好意"教导"：作为辩论队中的女性成员，一定要比男辩手有亲和力，起到团队和赛场润滑剂的作用。我之所以对这个"教导"印象深刻，是因为这让我感叹成为一个好的女辩手真难，既要坚定地捍卫自己的观点，又不能攻击性太强，还要凝聚团队。后来，我发现，在其他群体中，女性也受到类似期待——只有专业能力是不够的，还必须发挥女性特质，让人觉得如沐春风，要像一个"知心姐姐"。

　　孩童时代，女孩在表现得文静甜美，像"小棉袄"时，最容易得到长辈夸赞。在文艺作品中，在歌谣中，无私的母爱被定格成了一种伟大的女性形象，永远伫立在道德的至高点。我看过一部纪录片，其中有一个社会实验：一个小演员假扮成无家可归的小孩，蹲在街头，停下脚步和伸出援手的人，大部分是女性。同时，女性更擅长共情的说法也被普遍接受。

在学术界，人们经常使用"大五人格模型"描述人格，也就是将人格分为 5 个维度，分别是外倾性、开放性、尽责性、神经质和宜人性。宜人性表现为更加利他，更愿意为他人的感受让步，更具同理心。一项横跨 53 个国家，有 20 万人参与的调查表明，在所有参与者当中，女性的确表现出更高的宜人性和开放性的性格特征[①]，同时遗传学的研究表明，宜人性是所有性格特质当中遗传度最低、受环境影响最大的特质[②]。

在女性的成长过程中，她们会目睹女性长辈承担了全部家务，还会发现逢年过节时，祖母更能把一大家人聚到一起，彼此联络感情，创造更深的情感联结。在女性步入婚姻时，她们也理所应当被母亲教导，女孩子一定要会做家务，会照顾人。在她们成为母亲之后，会遇到一个两难问题：怎么兼顾家庭和事业。在婚姻生活中，她们要不断提醒丈夫按时体检，陪丈夫去医院，甚

---

① Lippa, R.A., *Sex differences in personality traits and gender-related occupational preferences across 53 nations: testing evolutionary and social-environmental theories.* Arch Sex Behav, 2010. 39(3): p. 619-36.

② Bergeman, C.S., et al., *Genetic and environmental effects on openness to experience, agreeableness, and conscientiousness: an adoption/twin study.* J Pers, 1993. 61(2): p. 159-79.

至每天把丈夫要吃的药分门别类地装进药盒，还得提醒丈夫吃药。在寒冷的冬日，女明星裸露着大片肌肤，她们虽被冻得皮肤通红，但仍展现出大方得体的笑容。在为大众提供审美享受的过程中，女性是最重要的生产力，同时进食障碍患者中高达95%是青春期女性……

在翻译这本书的过程中，这些叙事和材料不断在我脑海中闪现，我也终于找到一个可以把这些故事串联起来的词——"情绪劳动"。这个词源于组织行为学，用来描述员工通过管理自己的面部表情和肢体动作，实现组织目标的过程。例如，海底捞就是通过让员工提供大量的情绪劳动来增加顾客的积极体验，让顾客感觉自己的每一个需求都得到了关注。这种服务模式也创造了巨大的商业成功。一言以蔽之，情绪劳动就是让他人感觉良好，把他人的感受置于更重要的位置，为此可以付出时间、精力，并忽视自己的感受，也就是更宜人、更利他。一个情绪价值较高的人能给别人带来舒服、愉悦和稳定的体验。在年轻人中，能否提供情绪价值甚至成为寻找伴侣的指标。

在这本有洞见力的作品中，哈克曼结合自己做记者和女性的经验，将情绪劳动从组织行为学的学术象牙塔中拉出来，拉进我们的日常生活。对每天都在大量做，但却遭到忽视、价值得不到认可的"工作"进行命名之后会发生什么？到底是谁在付出情绪劳动，又是谁在无偿地享受服务？女性真的天生更擅长处理情绪吗？是能者多劳吗？"亲和力""温柔""体贴""美丽"这些专属女性的标签如何与情绪劳动绑在一起？实现情绪劳动平等的社会应该是什么样的？在这本书中，你会找到这些问题的答案。

谈论性别话题是非常困难的一件事，因为会被贴上另外一个标签——"挑起男女性别对立"。在仍身处男权社会的大前提下，女性主义并不是走向当下社会的对立面，实现女性压倒男性，而是要看到，无论男女，都是父权制的牺牲品。

在心理学研究领域，有一个词叫作"述情障碍"，又称"情感难言症"，指一个人难以识别、描述和表达自己的情绪与情感。这种特质与多种精神和躯体疾病有关。研究表明，男性有更高的述情障碍水平，而且这种障碍还会增加男性的死亡风险，而不会影响女性的死亡风险。[1, 2]也就是说，在传统的性别框架中，男性不被鼓励认识和理解情绪：一方面，这似乎是为了展现男性的阳刚气质；另一方面，男性的患病和死亡风险也大大提高，女性也因此被迫承担更多看护和照顾男性的工作。

哈克曼的主要素材和故事基于美国本土社会，无可避免地涉及美国当下最受关注的某些议题，如种族问题和性少数群体等。但是情绪劳动本质上是关于处在更弱势地位的群体的情绪资源如何被更高地位的群体无偿占有和剥削，这与性别有关，因为女性是一种结构性弱势的处境，而不单单是一种性别（上野千鹤子）。

---

[1] Terock, J., et al., *Alexithymia is associated with increased all-cause mortality risk in men, but not in women: A 10-year follow-up study.* J Psychosom Res, 2021. 143: p. 110372.

[2] Levant, R.F., et al., *Gender differences in alexithymia.* Psychology of men & masculinity, 2009. 10(3): p. 190.

在男性群体内部也存在等级结构，掌握更少资源和权力的男性必然需要进行更多的情绪劳动，向掌握更多资源的男性提供更多的情绪价值。因此，我想，无论男女，都能在这本书中找到共鸣。我希望从这本书开始，情绪价值能走入大众的心灵和头脑，希望这本书能够启发一些学者对情绪劳动进行更多本土化研究，也希望我们可以向这样一个未来努力：刻板的性别框架能被打破，女性将从世世代代的情绪劳动的劳役中解放出来，男性也因此获益。希望我们的后代生活在一个更加平等、利他和共荣的社会。

徐航

2024 年 1 月 6 日

引　言

我十八岁那年夏天，母亲说了一句话，我花了很多年才完全理解。

　　当时，她坐在我们二手车的驾驶座上，坚定地赞许道："罗斯，你是出色的男人管理者。"我们正开车穿过布鲁塞尔，去一个叫莫伦贝克的街区，我当时的男友住在那里。我还没有驾照，而我母亲，一位单身寡妇兼全职公司行政人员，声称很乐意在没有工作时开车送我去约会，把它当成一段高质量的亲子时光。在我父亲去世，两个姐姐离家上大学后的三年里，我和母亲成了彼此唯一的"室友"，变得愈加亲密。就像其他比利时人一样，"车上的陪伴"，对她来说是一份宽容且慷慨的礼物。而让她比较遗憾的是，大部分时候她是送我去比利时法语区参加篮球赛，那里是后工业化的瓦隆乡下人迹罕至的角落，像金属箱子一样的体育馆周边散落着悠闲吃草的奶牛，篮球弹跳的声音在田间回响，却无人注意到。

但今天，赛季结束了，我要去见这三年间分分合合的男友埃里克。他邀请朋友来庆祝他从父母家搬进他的第一间公寓。车开到一半时，我的诺基亚手机响了，一连串惊慌失措的语句从埃里克的来电中传来。

"我不会烹饪鸡肉！我不知道该怎么办！朋友们一小时内就要到了！请人过来这个主意真是太愚蠢了！我不应该这么做！都是你的蠢主意！"

布鲁塞尔的灰色街道一闪而过。我安静地听着他的话，脑中逐渐形成了一个画面：埃里克，一个相信如果不吃动物蛋白质就不能算正经吃饭的男人，买了鸡肉，准备做晚饭，然而他并不会做。而从八岁起就是素食主义者的我，显然也不会烹饪鸡肉。我很确定这不是我的主意，而是他自己想做的事，但我没这么说。

"完全不用担心，肯定会没事的。等我到了，我可以烹饪鸡肉。这非常简单。你的冰箱里还有什么？你准备别的东西了吗？"我问。

"甜点。"他回答。这时，他平静了点。如果我感到愤怒，我不会让这种感受持续一纳秒。我应该给予他耐心、安慰和爱，而我也是这样表达的。

"太棒了！"我用轻快的语气说，"我超爱你做的甜点。好了，别担心其他的了。等我到了，我会做鸡肉，再做些配菜。我还带了香蒜酱，我们可以用它做点儿好吃的。"

他的情绪变了，我几乎能听到他情绪的转变。他现在完全平静下来了，不再恐慌，语速也变慢了，这说明他变得更放松、更快乐了。

"你还好吗？抱歉让你经历了恐慌。"我继续说，给我的工作一个安全的收尾，"我很快就到。"

他顺从地嘟囔，可能是在感谢。我说："我等不及要见你了。"然后我按下按钮结束通话。

我把手机放到腿上，垂下肩，呼出一口气，卸下刚刚一直压抑的焦虑，同时为我的从容表现感到宽慰。我脑中甚至还没开始想该怎么烹饪晚餐。我完全不知道要怎么做生鸡肉，想象那种肉乎乎的粉色食材就已经足以令我反胃了。但这不是重点，重点是让我男友重新感到愉快、冷静、镇定。我一接电话就知道，最重要的是告诉他事态已经得到控制，哪怕事实上还没有真的得到控制，未来的具体烹饪活动则完全是次要的。

我看向我母亲。她笑了。我记得她当时说："罗斯，你是出色的男人管理者。这件事你处理得很棒，让我印象很深刻。"

"男人管理者。"她说完，我又重复了一遍。我从副驾座位上转身面向她。我以前从没听过这个词，也没意识到这是我应该追求的东西，更不可能意识到这是我一直在做的事。但我感到她在夸我，她的话里有某种转变、某种认同，甚至是某种新形式的尊重。

我们的话题转向了怎么烹饪鸡肉，以及用香蒜酱能做什么。她教我烤鸡需要的时间和温度，甚至怎么切鸡肉。顺带一提，出于健康原因，我母亲也不吃肉，但她已学会怎样准备和烹饪肉类食品以取悦周围人的胃。

尽管听起来稀松平常，但我却难以忘记与母亲就香蒜酱、鸡肉和男人管理者而展开的交流。现在的我意识到，这其实是作为女性的我为男人的利益而进行的情绪劳动，并且我首次因此获得肯定和褒奖。

当然，我那时不知道它叫什么。事实上，过了十年，我才在学术文本中读到"情绪劳动"和"情绪工作"这类词。还要过更久，"情绪劳动"才会进入大众视野，并被用来描述一种被忽视的工作形式，而我们理应在被它压垮前就认识到。但那天，我相信母亲说的那些话意义重大，因为事实上，这段简短的评价是我与母亲有过的最重要的母女谈话之一。这些话标志着我通过了一个从来没人告诉过我的秘密成人测试，我被接纳为女人了。

· · ·

我可能是少数能明确意识到被上了这样一课的人之一，但世界各地的女性从小就被教育要管理、调整和控制自己的感受，以对他人的感受产生积极影响。女性被不断告知要微笑，并有义务让他人开心。女性不仅要对自己的情绪表达负责，还要对他人的感受负责。

这会发生在家庭中，女性会被期待要不知疲倦地投入精力、努力和时间，为家庭打造愉快的情绪氛围，例如，默默地营造或重塑个人情感、归属感或彼此的联结感，或悄悄承担起那些没人想做却对大家有益的杂务劳动。这会发生在关系中，女性被训练要管理易变的情绪和脾气，并一直要将他人的感受、经历和欲望置于自己之前。这会发生在工作中，女性被迫扮演本职工作以外的角色，比如为取悦他人而扮演母亲或性感女郎，但很少能获得实际好处。这会发生在荧幕上，女性的才智、道德和人性取决于观众对这些女性的表情与表达方式的感受，而不是基于她们所说或所做的事情。这甚至会发生在大街上，女孩和女人从很小的时候就被陌生男性告知要微笑，最终，她们通过痛苦的经历学会：如果不笑，惩罚就可能随之而来。

这就是情绪劳动。这种训练很早就开始了，女人和女孩要修饰她们对情绪的表达，以迎合和提升他人的情绪体验。四十年前，社会学家阿莉·霍克希尔德首先提出了这一术语。在服务业大爆发并缓慢替代制造业的时代背景下，这个词被用来描述美国工人必须具备的技能。她指出，工作的关键不再只是体力劳动、智力劳动甚至创造性劳动了，情绪劳动显然也包括在内。员工被期待改变情绪外显方式以影响顾客、消费者、乘客、债务人或病人的情绪。[1]霍克希尔德将这种工作与一个等效的、女性化的"情绪工作"联系在一起。而我们早已习惯女性在私人领域无偿地承担这种工作，和承担其他无薪工作一样。[2]她当时写道："由于缺少其他资源，女性将感受作为资源，并将其作为礼物提供给男性，以换取她们所缺的其他资源。"[3]

自"情绪劳动"这一术语首次提出以来，对情绪劳动的研究和理解始终局限在学术界。这一事实非常不利于针对这种持续存在且有害的不平等问题进行对话，而这种对话是整个社会迫切需要的。通过持续的以情绪为中心的行为，女性在职业和私下环境中的角色在世界上被固定下来：照顾者、劝解者、倾听者、共情者、从属者。表达同情很糟糕吗？不。用情绪帮助他人很糟糕吗？不。但期待女性应该主要负担这种角色的行为应该停止。女性的情绪账户已透支，但要在社会上生存与前行，却需要继续做这些不被重视的工作。这种期待指向一种习以为常、令人不安却持续已久的权力分配。这些期待不只是生存在男权社会的后果，也是我们依旧在男权社会中的重要原因，我将在这本书中从多个方面对此进行探讨。

过去一百年，美国等地的女性的生活发生了极大变化。1920年，美国女性取得了投票权。这一进步最初的受益者是白人女性，最终，1965 年通过的《选举权法》将这一权利赋予所有美国女性。自 1950 年至今，女性占劳动人口的比例从三分之一提高至近一半。[4] 截至 2019 年，女性占本科以上学历劳动人口的一半。自 1974 年起，女性申请贷款或信用卡不再需要丈夫或男性家庭成员签名。[5] 1972 年，所有人都可以合法避孕了。1973 年，堕胎合法，女性对自己的身体，也对经济、社会和政治生活进程有了更大的控制权。

但最后一项权利只保持了五十年。2022 年 6 月，美国联邦最高法院出人意料地推翻了联邦堕胎权，突然剥夺了数百万人的自决权和身体自主权。基本权利的倒退是如何发生的？性别平等问题不是已经解决了吗？

其实并没有。我们生活在性别平等已实现的幻觉中，只要环顾四周，就能发现有非常多的迹象指向相反的结论。事实上，父权制在今天仍然盛行。这是一个不容易理解的事实。我们这些有幸生活在富裕和民主国家的人，很可能已习惯了政府和相关机构批评其他社会文化中的不平等现象，却很少自我反思。我们也敏锐地意识到，与母亲和祖母相比，我们拥有了更多的权利和选择，而承认和感激父母的牺牲是第一代移民子女身份认同的重要组成部分，尤其是他们的女儿。白种人被提醒，与有色姐妹相比，白人女性获得了更多的机会和资源，黑人女性被迫目睹社会对她们的黑人兄弟进行系统性打压，这会让她们忽视自己面临的困境。

指出这些相对优势是公平且必要的。但它们并没有改变一个事实，即女性仍被置于男性之下，女性的痕迹经常因男性的利益而被削弱、被擦去，且性别权力分配的基础仍未改变。

男性仍被视为一家之主。一个家庭如果没有男性，就会被视为不完整、有缺陷的。[6] 人们仍期待女性婚后使用男性伴侣的姓氏。即使越来越多的女性[7]（但仍是少数）[8] 选择保留自己的姓氏。在绝大多数情况下，男性仍是将姓氏传给后代的人，这意味着家族的名字属于男性，至少在名义上，女性的贡献被一代又一代地抹去了。

迄今为止，美国只有男性国家元首。2022 年 1 月，美国国会女性议员的数量达到历史最高点：149 名女性拥有席位，占全部国会成员的 26.9%[9]，但也只刚过四分之一。截至 2022 年 2 月，《财富》世界 500 强企业的 CEO（首席执行官），只有 31 位女性，占总数的 6.2%，比例极低。[10]2021 年，美国最富有的十个人都是白人男性。[11]另一方面，女性比男性更可能生活在贫困中，也更可能成为低收入工作者，其中黑人和拉丁裔女性比例最高。[12]

是的。我们已经取得了进步，但这仍是一个男性主导的社会。在这种社会中，女性被期待承担情绪劳动的重任并非偶然。

坦率而言，女性已经到了忍无可忍的地步。

经济学家报告说，在新冠肺炎疫情最严重的几年里，女性的辞职率是男性的两倍。[13]2022 年初，男性基本恢复就业岗位，但女性就业人数仍比两年前少 100 万。据说，在这短短几年间，女性取得的经济进步倒退了一代。[14]造成这种差异的原因是女性更多集中在疫情前线低薪、与人接触频繁的服务岗位上[15]，也因为女性可能承担了疫情期间加重的育儿和看护责任。

这场危机只加重了长期以来的隐性不平等。2020 年《纽约时报》的一篇文章称，如果为 2019 年美国女性在家中提供的无偿工作支付最低工资，那么其价值可达 1.5 万亿美元。[16]同年，乐施会的一篇文章称，女性的无偿照顾工作每年至少为全球经济创造 10.8 万亿美元的财富，这个数字是科技产业的三倍，相当于《财富》世界 500 强企业中最大的五十家公司的收入总和。[17]

该报告陈述："这一数字虽然巨大，但仍被低估了。由于数据可用性，这里使用的是最低工资而非生活工资，并且没有考虑到照护工作对社会的广泛价值，也没有考虑如果没有这种支持，我们的经济就会停滞不前。"

我们为性别权力而斗争，并取得了关键进展，但仍被隐形、不平等的情绪劳动困扰。女性虽然可以与男性并肩进入正式的工作场所，但她们依然首先被期待承担那些维持经济运转却低薪或无薪的支持性工作，其中包括照护儿童和老人、家务和家庭工作、维护人际关系，以及保持社团活跃与联系的社群工作。人类需要吃饭、穿衣、居住、教育、被爱，感到价值感、归属感和联结感被满足，才能更好地建设经济。

即便经常被低估和忽视，这种支持性工作也是非常有价值且必不可少的。而我们仍理所当然地认为这种工作是女性化的，以至于女性成为可以被剥削的对象。用激进女权主义者海蒂·哈特曼的话说，"父权制的物质基础的根基建立在男性对女性劳动力的控制上"。[18] 父权制最精明的伎俩之一，是将所有被视为女性的工作扭曲为女性固有特质、无意识的表达——无论这项工作需要投入多少时间、努力和技能。维持一个让女性几乎没有报酬却为他人（尤其是男性）利益服务的系统的最好方式，就是让社会相信她们根本没在工作。

这一系统的核心就在于情绪劳动。这是女性被期待承担的最无形、最阴险的隐蔽工作形式，并且为了男性和整个社会的利益最大化而被剥削。

情绪劳动并非涉及所有的支持性工作，但它对于维持社会和经济的正常运转至关重要。它是独立的存在，也是许多无薪工作得以维持的动力和原因。将他人感受放在首位，构筑人与人间深厚的情绪联结，是照顾、抚养子女和社区联络工作的重要一环。但将他人感受放在首位也导致女性被要求承担更多任务和责任，超越单纯情绪的范畴。例如，周末开车送孩子上补习班，拒绝晋升，选择兼职，指导亲戚设置新款手机，熬夜洗衣服。

情绪劳动依赖一个基本理解，即女性应该优先考虑其他人的感受。情绪劳动是当某人想要迎合其他人的情绪体验，让自己的情绪去为那个人工作时发生的事。在这种仅要求女性而不是男性提供情绪劳动的工作分配下，存在一种底层逻辑，即相比女性，更优先保护男性的存在。这是一个男性的生活质量明显更重要，而让女性为此服务的系统。这再明显不过地表达了两性间的等级差异。

对这样至关重要的工作形式视而不见，并将其甩给女性，是性别不平等的一个根源。因为其中关键的情绪劳动不仅被忽视，还被贬低，进而又贬低了承担这些工作的人。

在这个意义上，涉及性别的情绪劳动描述了一种状态，这种状态与 20 世纪伟大的黑人知识分子们提出的理论框架有相似性，包括杜波依斯的"双重意识"的概念，弗朗茨·法农对"白面具"的描述，拉尔夫·埃利森对"剥夺可见性"的解释。作为一种更性别化的负担，情绪劳动在女性所写的虚构作品中得到了多次清晰描述——无论是托妮·莫里森所写的小说《秀拉》，还是梅格·沃利策所写的《贤妻》，后者被改编为格伦·克洛斯主演的电影。但"情绪劳动"这一术语还是新的，进行这种命名也是必要的。

本书揭露并挑战了父权制的这些顽固根源（它们与白人至上主义和阶级偏见相纠缠），揭示了这些体系支撑的一种特殊的情绪资本主义的剥削性质，指出了情绪劳动不平等且不公平的分配、系统性低估，以及优先保护男性经验和优势群体，忽视女性经验和非优势群体的后果。

虽然论述是交叉的，但在这本书中，我重点是将性别作为一个类别。确切而言，我关心的是女性持续面对的，对人生有决定性影响的不公正和不平等，但却只得到了社会大众轻微的关注。这似乎传达了这样的信息：我们应当安于所得，而其余的无论多残酷，都只是固有的副产品，或者是某种我们应该出于感激而忍受的东西。其实，我们无须再忍。

这种宿命论的想法不仅妨碍取得令人兴奋的进步，而且有误。正如本书将会探讨的那样，如果对情绪劳动在家庭、社区、工作环境、大小荧幕上运作的方式有所了解，就会清楚，这是一种被强加于弱者的隐蔽工作，然后又被用来禁锢她们。这是一种与女性气质联系如此紧密的工作，以至于我们已经麻木，无法感受女性长久以来如何被强迫服从，并被恶意地维系在这种状态中。但这也是一种深刻、深远、毫无疑问具有价值，而且值得被看到、被重视的工作，只是还需要更平等地进行分配。事实上，放在我们当前的语境下，这种工作形式无异于要求我们彻底重新思考我们共同的道德原则和我们对工作的态度。

本书是历经七年调查的产物，其中五年花在大量阅读、研究、反省和反抗上。调查过程中，我进行了几百个面对面、电话或邮件采访。采访对象跨越了社会阶层、人种、经济和年龄等人口统计学变量。大多数采访在美国进行，主要关注密歇根、密西西比和纽约的声音，因为我在这些地方度过了大部分时间。受访者大多匿名，并且自己选择了昵称，除非他们坚持公布全名，且不会有风险。[19] 本项目有幸分享了少部分人的故事，我选取的案例尽可能反映了美国的多样性。但就一本书而言，并不能做到面面俱到，如果没有特别说明受访者的种族，并不意味他们是白人，只是意味在他们分享的经历中，种族不是重点，例如，与同种族伴侣有关的故事。

我希望这本书可以提供一些故事和信息，供读者分享与反思。我希望它能鼓励读者面对一些重大问题。这些问题将引导他们以完全不同的方式看待自己周围的世界和自己内心的世界。我是位记者，所以我在这里以最真实、最纯粹的形式分享这些故事。但我也形成了有说服力且有据可依的观点，我有时会公开、坦率地表达这些观点。

与母亲那次难忘的驾车谈话已经过去近二十年，有更多事情继续塑造着我。我原是个长在比利时的英国孩子，后前往伦敦上学，然后又去了罗马。在罗马，我迈出了作为美联社记者的第一步。十二年前，我跟着一个男人到了美国，这个人后来短暂地做过我的丈夫。这是决定了我人生的一次迁移，这次迁移帮我坚定了女性主义，并使我定居美国。在这里，我一方面觉得自己像个局外人在观察，另一方面感觉好像回到了家园，与英国历史在我身上的延续做斗争。情绪劳动是一种全球性现象，但其在美国的复现，可以溯源到旧时殖民者带到这个国家的父权制和白人至上主义。这正是这本书的声音所在，也是通过新闻工作和生活经历，让我相信这本书所讨论的主题的急迫性。

这本书是对一种持续未解决的不平等形式的探索。这本书是女性被期待做出牺牲时的愤怒审视，她们被一次又一次推倒在刀刃上，而她们却常常被要求在离开时道歉或微笑。最重要的是，这本书相信女性的能动性和女性化工作形式与特质的力量，它对关怀、同情与爱的力量充满希望。这些力量可以引导我们前进，召唤我们成为最好的自己。

第一章

作为工作：
情绪劳动的
价值

权力

母亲节（本应是让母亲休息和庆祝的日子）前几天，詹妮弗告诉我，她到了崩溃的边缘。作为铁锈地带（工业衰退区）的服务业员工，詹妮弗原本希望周日的母亲节能让她实现一直以来的心愿：与幼子和丈夫度过高质量的休憩时光，也许还能抽出一些时间照顾自己。但节日前几周，她家族的人开始讨论在母亲节这天举办一场聚会——她父亲一周年忌日。叔叔、婶婶和堂兄弟姐妹在日期上达成了一致，但无法在组织细节上取得共识。很快，深陷哀伤、日程已满且从未主动提议的詹妮弗被委以重任。抱怨是徒劳的，而且她习惯保持沉默，为了集体利益选择高尚。她将自己的感受往后放，关注眼前琐碎繁杂的组织工作。

她首先想到，最简单而明智的计划是在餐厅里聚一聚，但要考虑其他因素：她不能冒最后买单的风险，而这个场面完全可能出现。"我爱他们，但我家人很抠门。"我们碰面时，她开玩笑说。

不是她自己小气，而是她需要考虑自己小家庭的财务状况。

去年，詹妮弗注意到结婚十年的丈夫肖恩表现得越发疏离和低落，虽然他以前就常常隐藏自己的感受。詹妮弗慢慢地、巧妙地说服他分享自己的内心世界。"如果你不敞开心扉，就会像一瓶被不断摇晃的汽水，最后会爆炸。"她警告他，"我理解你想扮演一家之主的角色，照顾家里的一切，但我是你能倾诉的人，这是我在这里的原因。如果你不敞开心扉，你的心脏病会发作。"她精心设计，像心理咨询师一样的话语起了作用。肖恩最终放下戒备，告诉詹妮弗：他们现在入不敷出，负债累累，即将失去住房。花了一年时间，他们共同面对财务危机，请他们一位能伸出援手的亲友帮忙，才设法保住了房子。因此，他们绝对不会冒险背上高达三四位数的餐厅账单，也不可能让亲友挤在自己已经很狭窄的家里聚会。

最终，她说服一位堂亲当东道主，并承诺她仍会负责规划、餐饮、协调、订蛋糕和接送当天没车的家庭成员。也就是说，她要负责给所有参加者创造顺利愉快的体验，还要确保每个人都得到满足，在合适的时间和地点，让人们在共同的回忆中，在没有隔阂的亲密感中，在家庭的羁绊和爱中找到慰藉，而不用担心包括金钱在内的外部因素。她要承担构思和促成这场活动所需的情绪劳动。

聚会前的星期四，她的筹备工作日益繁重，加上兼顾其他人的担忧、期望和需求，以及截止日期的逼近，将她推到了情绪崩溃的边缘。詹妮弗的一天始于老板的训斥，她的老板是她的一位男性亲戚，根据公司经营情况付她薪水。这番训斥既不公平，又丢脸，但不稳定的工资换来的是詹妮弗灵活的工作时间，这意味着她可以兼顾生活中其他重要事项。

那天，她比平时更需要这种灵活的时间安排。她有个棘手的任务偏偏得在殡仪馆完成。她父亲过世已经一年了，因为没有人支付骨灰坛的账单，他的遗骸被收殓在一个塑料盒里。为避开支付不起的费用，也避免把父亲的骨灰放在一个像特百惠保鲜盒的东西里拿到周年忌日聚会上，詹妮弗打电话给殡仪馆。她在电话里解释了自己的难处，并恳求老板发发善心，请他这周末把骨灰坛借给她用一下。殡仪馆的老板同意了，但要求她在一个特定的时段取骨灰坛：周四傍晚，两段守灵之间。所以，在工作时，她听之任之，微笑着度过这段不愉快的经历，关注大局。她知道自己有个任务要完成，她不会在第一个障碍前就倒下。

下班后的第一件事是前往学校接四岁的儿子斯宾塞。快速接完孩子的第二件事是飞快回家把儿子交给母亲谢莉。她母亲与他们生活在一起，并同意带外孙去骑车。就在这第三个障碍处，事情开始失控。四年前，她母亲来这里小住，但再没有离开。她过去曾因严重的双相障碍住院治疗，需要严密监视药物剂量和症状。可能是忘了吃药，或是出现了触发事件，或者需要调整剂量，在她把儿子放下后不久，母亲开始尖叫，并对自己的女儿和外孙恶言相向，吓到了年幼的孩子。母亲大喊大叫，并坚决宣布她不会再如承诺的那样带斯宾塞去骑自行车了。

詹妮弗简直不敢相信。她爱她的母亲，并且开心地调整了自己的家庭生活以欢迎母亲入住。即使这意味着詹妮弗需要多照顾一个人，而母亲没有问过自己是否介意。这也意味着斯宾塞要和他的外祖母共用一个房间。而且谢莉半夜看电视的习惯对詹妮弗和肖恩的性生活造成了影响，因为他们不想让任何引人联想的声音透过薄墙。詹妮弗基本没有要求她付出任何回报，而她在这项至关重要的任务上不愿意帮忙，詹妮弗突然感到愤怒。

詹妮弗卸下完美的伪装，不再刻意控制自己的语气。她的声音哽咽了，一直以来被压抑和漠视的辛劳破口而出。"我厌倦了为你承担一切，为斯宾塞承担一切，为肖恩承担一切。"她告诉她母亲，"我也有自己的悲伤需要处理。我内心深陷泥沼，我在努力，很努力地熬到母亲节。对不起，我不知道出了什么问题，我解决不了，而且我累了。我觉得你没有意识到我所做和承担的一切。"

谢莉对詹妮弗的反驳感到非常惊讶，虽然冷静了下来，但她的状态仍然无法履行诺言。当谢莉的状态稳定下来，詹妮弗就带着斯宾塞开车去往殡仪馆，即便她试图避免，但还是来不及了，她走进陌生逝者的灵堂，后面还跟着一个四岁的孩子。

周日的聚会一切顺利，借来的骨灰坛摆在显眼的位置。她忙着接送和招待亲戚，并确保大家吃好喝好，几乎没有喘息的余地。最后，她松了一口气，因为这件事终于结束了，而且没有发生意外。

我和詹妮弗坐在一起时，她始终表现得礼貌友善、温柔甜美。在她挤出时间与我会面的过程中，她的眼睛几次湿润，但从未落泪。有时，当她谈到她所做的无偿工作时，她会用一种恳请和疑惑的语气，好像她很清楚自己在那里做什么，但她需要哪怕有一个人能听见她，看见她，承认她做的是真实的工作。

"你一直在压抑自己。"在某个时刻，我对她说。

"是啊，我一直在压抑。"她回答，表情突然轻松起来。

· · ·

情绪劳动是指识别或预测他人的情绪并随之调整自己的情绪，然后设法积极地影响他人的情绪的过程，表现为更在乎他人的感受。这种为了他人的情绪而调整自己的情绪的工作，有时显而易见，有时难以察觉。

詹妮弗靠直觉发现肖恩遇到了问题，然后引导他走出情绪困境，让他沟通并寻找解决方案，这就是一个明显的情绪劳动的例子。

但有时情绪劳动很隐晦。詹妮弗没有优先考虑自己的感受，而是先尽可能顺应多数家庭成员的需求和期望，且以此为高尚，她利用自己的感受和体贴为他人服务。她的情绪劳动类似某种社区工作，可以让她的家人聚在一起共享悲伤和欢乐，并从中感受到归属、联结和意义。

她通过具体的任务来激发家人的这些感受，比如仔细地揣测他人的情绪和行为，精打细算，创造独特体验，维持人际和谐等后勤工作。这些努力都是情绪劳动的体现，却经常被忽视。除了做这些事的人，其他人通常不会将情绪劳动视为工作、努力或技能，也不认为它会耗费时间，人们顶多将其视为一种固定角色。

但是，情绪劳动就像体力劳动、智力劳动和创意劳动一样，也是一种需要时间、精力和技能的工作形式。

将情绪劳动视为一种需要时间、精力和技能的工作依然存在争议。在全球化和资本主义的背景下，工作仍然被视为在公共领域通过生产产品、提供服务获得报酬的行为，并且发生在家庭之外男性主导的领域。在这个市场驱动的经济体系中，工作的真实性通过正式报酬得以体现，换言之，你没有拿薪水，就不算工作。[1]

然而，对许多人来说，这种狭隘的新古典经济学对工作的定义不仅不准确，还低估了许多女性承担的重要却无偿的工作的价值，这种定义剥夺了她们工作的价值，并遮盖了她们劳动的事实。[2]

情绪劳动被视为一种女性化工作，也因其与爱、关心、家庭及女性相关的活动和责任存在微妙的联系，而难以被理解为真正的工作，仍然遭受着嘲弄和无视。相比被视为一种工作，它更多地被视为所谓的女性特质的代名词。而如果坚称这是工作的某种形式，而不是女性与生俱来的神秘力量，似乎是对文化树立的女性形象的一种贬低，甚至是一种剥夺。我们怎敢破坏碰触那充满无尽同理心的圣母形象？

但是，掀起情绪劳动的面纱，让大家看到情绪劳动的真实面目真的会削弱女性的形象吗？如果如此，谁会真的获益，谁又会被真的削弱？而且，我们内心深处真的不知道情绪劳动是一种有真正价值和耗费精力的技能吗？难道是因为我们不知道有人承担了这种劳动吗？或者因为我们压抑自己的感受，告诉自己这是为了爱和顾全大局？又或者是别人在做，而我们宣称自己无辜和无知，同时微妙地诱骗她们完成任务，随后克制地表达感激，但又不能太过感激，否则，你知道，假象会崩塌。

疲惫不堪的詹妮弗告诉我，她希望得到更多的感激和认可，但她深爱着她的家人，最终她会继续从事这种情绪劳动。"我是一个讨好型人格的人，"她坦白道，"这显然是我的问题。"

然而，这真的是她的问题吗？将自己定位成讨好型人格的人是她的问题吗？抑或是她受环境教化将这种行为倾向内化为自己的特质？我自2015年开始研究情绪劳动，当我向他人解释我所从事的研究时，他们的反应常常取决于他们的性别，有的人困惑，有的人震惊，有的人则充满热情。上述问题，就是这些反应的核心。

我与许多女性进行了交谈，她们常常会提出一些问题，然后欣喜地感受到内心的共鸣。这种情况也发生在其中一位受访者安妮塔身上，她是一位五十多岁的女性，曾经独自抚养四个孩子，孩子们的父亲只偶尔出现。她不仅为孩子们长大成人提供了主要的经济支持，还一直为他们提供情感支持。她在孩子们失业期间提供食物和住所，帮助其中一位成年子女克服成瘾，并确保他们保持联系，定期聚会，感受到联结和爱。近年来，虽然经济拮据，但她总能找到办法。她试着使用这两个词："情绪……劳动……"她说，试了试把两个词结合在一起的感受。"情绪，工作，这就是我多年来一直在做的啊！"给她一生的工作一个确切的定义让她深感认可和释然。这并不是错觉。她感到疲惫并不意味着她在道德上有缺陷。她的辛劳有了一个名字，并且这个名字包含了"劳动"——这个体现价值的词。

然而，男性的反应却五花八门。他们一脸震惊，眉头紧锁地面对我。"你是在说照顾情绪是女性被迫做的工作？"我的一个男性朋友蒂姆，在他哈姆莱的家里为我们做午餐时，不可思议地问道。蒂姆不仅对这个概念感到困惑，他也显然对此感到不安。"为什么女性提供情绪支持就被视为工作呢？也许她们真的享受这样做呢？也许是女性在情感方面比男性更擅长呢？为什么我们要把这当作负面的事情？为什么你们女权主义者总是把正常的事情变成需要争论的问题呢？"

当然，蒂姆也有些愤懑，他本身也是照顾型人格的人，一直是他的家庭和社区的坚强支持者。他喜欢为亲友排忧解难，并成为邻里的非正式领导者。当我在镇上时，我经常看到高大健硕的他正在小心翼翼地浇灌他的植物。每当他经过一株植物时，你都可以听到他对着自己或植物低声哼唱。

蒂姆难道没有进行情绪劳动吗？**毫无疑问，男性和女性都可以是情绪劳动的主体，但是对女性的期望远超过男性，从而导致了明显的奖惩鸿沟。**蒂姆可能会得到认可，而安妮塔则不会。蒂姆所展现的体贴和姿态都被认作一种优点，是加分项，尤其是因为他在其他方面所展示的典型男性气质。蒂姆被聚光灯笼罩，灯光之外还有一群其他的情绪劳动者，她们的工作没有被关注和期待，反而被隐藏了。她们可能是蒂姆的姐妹、母亲或侄女……

尽管蒂姆在很多性别议题上真诚且进步，但他依然相信"女性在情绪方面更擅长"，这一现象才真正令我担忧。这也是我多年研究中一再遇到的本质主义的女性观和情绪劳动观。作为科学家的蒂姆绝不会对我说女性更擅长烹饪，或者女性更擅长做家务。然而他却毫不犹豫地告诉我，女性天生更擅长处理情绪。不仅如此，他还在暗示如果我们将这种"女性天赋"变成一种工作形式是不正当的。但他却无视这样的事实：男性将天生的男性优势转换为高收入的事业。

虽然这个论点缺乏基本逻辑，但却被广泛传播，这值得警惕。不仅是蒂姆，心理本质论仍然在许多人心中占据主导地位。许多人会认为詹妮弗是一个天生"讨好型人格"的人，甚至认为女性应当如此。这些假设反映了文化中持久的刻板印象，认为女性和男性具有完全对立的个性特征。在这个框架下，女性被塑造成富有同理心、情感丰富、洞察力强、热情、表达能力强、关注他人、人际交往能力强、更加关注他人感受的形象，而男性则被塑造成更具支配力、理性、积极、果断、追求成就和地位、在乎社会等级、有主见、自私和不太关注他人感受的形象。[3]

虽然这些观念非常普遍，但来自心理学和神经科学的研究表明，刻板的性别特征被过度夸大了。认知神经科学家吉娜·里彭[4]在《大脑的性别：打破女性大脑迷思的最新神经科学》一书中强调，今天的科学表明大脑在很大程度上受到社会暗示和刻板印象的影响与塑造，而不是相反。她在 2016 年发表在英国心理学会月刊《心理学家》的文章中解释道："过去一百年间，受到研究中惊人的技术进步的推动，我们对大脑的了解有了一个关键突破，即大脑的结构和功能并非固定不变，而会受到环境与文化的影响。事实上，大脑具有极高的可塑性，可以在整个生命过程中受到经验的塑造。它还是'可渗透的'，会对社会态度和期望做出反应，这一点在有关'刻板印象威胁'的脑影像学研究中得到了证明。"[5]

人类大脑具有不断演化和学习新技能的能力，而大脑的渗透性意味着它易受到环境和文化的深刻影响。如果人们的大脑接收到积极信息，期望他们能够成功完成任务，那么他们成功完成该任务的可能性将更高。相反，如果人们的大脑接收到有关任务表现的负面信息，那么人们在这个任务上成功的可能性将较低。我们的大脑非常了解性别刻板印象，而对于它来说，最简单、最轻松的做法就是顺应这些刻板印象。因此，男性和女性的大脑并不是造成现状的原因，而是现状的产物。

这可以解释为什么那些围绕男女情绪劳动差异的研究发现，

女性比男性从事更多的情绪劳动，但这种表现与她们履行性别角色相关，而不是与她们的个性特质相关。[6]然而，尽管有这些发现，将个性特质与社会压力严格分离仍然很困难。

尽管詹妮弗将自己的行为合理化为"讨好型人格"，但是文化刻板印象和训练使得她的大脑更关注这些技能。违背期望是有代价的。社会科学家和心理学家发现，偏离文化性别刻板印象的人会遭到一种"后坐力"效应。[7]公开展现敏感的男性面临被贴上软弱、无能、可疑甚至不光彩的标签，而公开展露野心的女性则面临被贴上咄咄逼人、不可信任、恶毒、不稳定甚至危险的标签。[8]这种"后坐力"机制是固化极端的性别刻板印象的强大工具。

共情能力是情绪劳动中非常重要的特质，也被固化为女性特质，经过四十多年的研究发现，它并非先天能力，而是与奖励相关。[9]在俄勒冈大学的克里斯蒂·克莱茵和萨拉·霍奇斯的一项有影响力且相当有趣的研究中，研究人员发现，男性和女性的共情能力（推断他人感受的能力）是相同的，除非被试得知该研究是关于人际技巧的测试，而人际技巧被认为是一种女性化的特质。[10]在这种情况下，为了履行性别角色，女性在完全相同的练习中表现更好。这也与以前的研究一致，女性和男性具有类似的共情能力，只有当参与者知道是在被评估与女性有关的特质时，才会出现女性优势的结果。[11]

更有趣的是研究的后半部分，克莱茵和霍奇斯在他们的发现——当女性受到激励去表现符合自己性别的特质时，她们能够提高自己的共情能力——的基础上，决定尝试看看是否能通过一种男性被试会积极响应的激励方式来提高男性的共情表现。研究人员提醒被试将进行一项人际任务，往常这只会激励女性被试表现出更高的共情能力，但这次他们增加了额外的激励——真金白银。如果回答体现了一定程度的共情能力，被试将获得一美元，而对于完全准确的共情回答，他们将获得两美元。结果所有人的表现都突飞猛进，男性和女性的得分都非常高。在论文的结论中，作者写道："这是一个令人鼓舞的发现，表明几乎任何人只要得到适当的激励，就可以实现更高的共情准确度。如果你发现有人似乎无法理解你的观点，当其他方法都无效时，给他一美元或许有用。"

扔给某人一美元，让他们立刻设身处地为别人着想，这听起来既痛快，又荒谬，且隐含贬损。但这确实传达了一个不可否认的观点：情绪劳动的核心技能，包括识别他人情绪的能力，是我们所有人都具备的，只是我们中的一部分人愿意运用这个技能。这部分人，尤其是女性，出于对"后坐力"机制的恐惧而不断练习情绪劳动的技能。但这种练习往往被内化为一种个性特质，而表现好坏很少与金钱挂钩。其他人并非完全缺乏技能，或不擅长处理情绪，而是缺乏动力。他们只是不愿意费心而已。当你领悟到这一点时，世界就向你露出阴暗的一面。

另外，这个关于一美元的研究在初始结论之外还提供了更深刻的洞察。如果所有人都能在适当的激励下发挥他们的共情能力，但事实上，一些群体（如男性）并不在乎，这揭示了一种普遍、不平等的激励结构的存在。而这不仅涉及性别，还涉及这些特质背后更深远的社会价值观和等级结构。这揭开了隐藏的真相：在当前的结构中，情绪劳动更关乎权力而非性别。我们生活的世界中，情绪劳动无法换来更高的地位！如果仔细思考情绪劳动的本质，你会发现它与为人服务的概念惊人相似：都是将他人的感受置于自己之前。而情绪劳动是一个人为另一个人的情绪服务。从这个角度出发，固化的性别角色其实是对一种"有奉献精神的女性服务于情绪无能的男性"的模式的强化。

心理学家萨拉·斯诺德格拉斯于 1985 年在《人格与社会心理学杂志》上发表了一篇具有开创意义的文章，旨在验证"女性直觉"的有效性。[12] 斯诺德格拉斯随机将男性和女性配对分组，并随机指定一个人担任"领导"，另一个人担任"下属"。研究发现，被指定为"下属"的人，无论是男性还是女性，都更加关注和敏感于领导者的感受，在被赋予下属或领导者角色后，性别不再起任何作用。该论文得出结论，女性直觉可以更准确地描述为一种"下属的直觉"。

这种动态的迷人之处在于，它往往演变成一种自我实现的预言，或者至少是一种权力结构的动态强化。心理学家蒂凡妮·格雷厄姆和威廉·伊克斯在一篇名为《当女性的直觉不比男性更强大时》的论文中写道："如果社会中更有权势的成员要求更弱势的成员'读懂他们的心思',而不认为有回报的义务,那么当下男人与女人间的权力失衡可能会持续存在且得到强化。"[13]

在一个群体中,拥有较少权力的人需要密切关注那些拥有更多权力的人的情感、行为或行为倾向,并时刻调整自己以免受暴力、惩罚、被边缘化或被剥夺资源的威胁。那些拥有更多权力的人则无须费心。然而,这种揣测工作显然将女性和女性的注意力置于男性身后。这可以被视为一种残酷而刻意的心理操纵游戏。女性被告知她们是平等的,但她们又必须不断追赶。

情绪劳动更关乎权力而非性别,并且也是对与女性有类似处境的群体强迫和贬低的体现。这些群体包括社会经济地位低的人群、黑人、原住民、有色人种、移民身份不稳定的人等其他群体。[14]

将情绪劳动视为一种工作,并理解情绪劳动与权力的关系不仅有助于确认自身体验的真实性,还为现存的不平等结构如何稳固自身提供了深刻洞察,更揭示了性别和权力是如何紧密交织的。

我采访过的一位女性西玛,她与丈夫拉胡尔在同样高压、男性主导的行业工作。她表示家中情绪劳动的不平等令她烦恼。和许多人一样,她谈到自己独自承担的情绪激励责任。"如果他心情不好,就每件事都不好,甚至让他做事都要付出巨大努力。我讲了各种积极的事情,讨论未来,让自己充满活力,永远试图讨论积极的一面。我还要帮助他规划日程,帮他做待办事项清单。"

以积极的方式来鼓舞他人,这依赖一种常识性的理解,几乎无须赘言:作为人类,我们彼此映照,而情绪具有感染力。然而,情绪传染是心理学中一个实实在在的研究领域，即一个人公开表达情绪时，如何在周围的人中引发类似的情绪反应。[15]特别是在营利性机构中，它被认为会影响工作绩效而得到研究。例如，沃顿商学院的西加尔·巴萨德在2022年进行的一项重要研究发现，积极的情绪传染可以改善工作表现，增加合作，减少冲突。[16]在商业环境中被看到和重视的情绪劳动，理应在其他领域中也被看到和重视。情绪劳动的私密性模糊了事实的真相。

西玛说服自己，她的情绪劳动是值得的。她爱着拉胡尔，即使她已默默地耗尽自己的心力。然而，有时她会反思为两人牺牲自我的一些细节，比如那次早上她为了等待维修工人而请假在家，为了方便拉胡尔而牺牲自己的工作。她开始怀疑自己是否会因此受到一些小小的职业惩罚并阻碍晋升，而拉胡尔却不会。她注意到在他们的关系中存在一种悄然渗透的时间等级制度，这个制度在有限地要求丈夫，而无限地要求她。这些偶尔出现的、未显露的想法令她情绪激动。

西玛不是个例，对于女性应当始终关注集体利益的期待形成了一种微妙的胁迫，使得现代女性与男性一样追求事业的同时，在私人生活领域中感到了深深的不公。在两性关系中，这种性别期待格外牢固，情绪劳动成为其他被低估、忽视的家务的一部分，并被认为是女性的责任。

更糟的是，情绪劳动虽然不等同于所有的家务劳动，但它往往会形成一种动机，而不仅仅是用情绪激励他人。为一个喜欢吃甜食的家庭成员烤巧克力布朗尼可能是一项家务劳动，但如果这样做是为了缓解悲伤，那么它也是一种情绪劳动。监督孩子们的远程在线学习、换一份兼职工作、早上请假等待维修工人，这些选择并不一定涉及主动运用情绪劳动，但如果这些任务是为了让他人开心或避免情绪冲突而承担的，那么它们就是情绪劳动整体的一部分。

女性被置于这种无私体贴的照料者角色当中，承担起其他人不愿意承担的家庭情绪照顾责任，并因此陷入一种难以捕捉又无处不在的不公平体验，这令人沮丧且至今难以定义。这种经验的不平等触及情感父权制的核心，即男性在优先享受和体验世界，而女性被规训要优先为之提供便利。

在这一点上，西玛对时间等级的洞察尤为深刻。因为我们每个人每天都只有 24 小时，但并非所有工作都是有偿的，时间是创造价值和拉开差距的重要工具。它是每个人可以给予、保留、交换或被迫交出的共同资源。[17]

过去几十年间，在国际女权主义经济思潮运动影响下，美国开展了人口有偿和无偿工作的时间利用调查。[18] 调查显示，当代男性比他们的父辈参与了更多家务劳动，但时间平等仍未实现。美国妇女政策研究所 2020 年 1 月发布的《美国时间利用调查》报告显示，女性平均每天比男性多花 37% 的时间在无偿的家务劳动与照护工作上。[19]

这种差距贯穿了所有种族、民族和收入阶层，即便是男女双方都全职工作的情况下。[20] 其中西班牙裔的异性恋家庭差距最大，而即便是在差距最小的多族裔异性恋家庭，女性每天也要至少多做一个小时的家务。亚裔、黑人和白人家庭的女性的无偿劳动要比男性多一个半小时到两个半小时。收入低于 29999 美元的家庭中的女性比男性多提供 38% 的无偿劳动（略微超过三分之一），收入六位数（10 万美元）以上的家庭中的女性比男性多提供 33% 的无薪劳动（刚好三分之一）。相似的数据表明这是一个超越收入阶层和教育水平的问题。

澄清这一点很重要，因为虽然群体间的差异值得研究[21]，但性别不平等在所有群体都非常明显，不能将这个问题简单地归于某个群体，或者认为可以通过教育摆脱，又或者认为这是在特定情境下才出现的。女性这个群体的私人时间被劫持，用于无休止的被低估和忽视的劳动，这些劳动的获益者是另一个群体，即男性。这种情况不是在特定情境下才出现的，而是源于性别差异。

当然，从宏观上区分家务劳动中的情绪劳动是完全不可能的。也无法确定家务劳动中包含多少情绪劳动，但它无疑是存在的——从育儿到烹饪。然而，有一种方法可以从这些调查中具体地看出一项情绪劳动不平等：通过观察谁有更多的闲暇时间。比统计数据中家务劳动的性别差异更令人不安的是闲暇时间的性别差异。2018 年，男人每天的闲暇时间平均比女人多 49 分钟，近一个小时。对每个从一天的工作中筋疲力尽地回家，希望有时间锻炼身体、读书、和朋友小聚，或者看看网飞放松一下，但却因为要管理家庭、抚养子女、做家务琐事而不能放松的人来说，这个数字就是有闲暇和没有闲暇的差别。这个数字意味着为你自己而活还是为他人而活。这就是一切。

我们为什么止步不前？这种经验上的不平等和不均的情绪劳动分配系统受到一种荒谬的双重标准支撑，我们对此习以为常且任其发展。例如，男人"帮忙"处理家务；将男人视作他们自己孩子的"临时保姆"；男人因为能够对伴侣和孩子表达情绪、体贴，并与他们沟通而受到赞扬，而这个伴侣是他自身寻求要承诺建立亲密关系的对象，以及自己决定生育的孩子；男人可能"牺牲"了一些工作后的"自由"时间带自己的孩子去公园或者哄自己的孩子睡觉。所有这些想法在一个现代社会似乎很不协调。但这些欺骗性的、虚伪的框架十分常见，让男人在工作以外的时间优先受到保护。这表明人们仍然普遍认为，大部分情况下，家庭、共同福祉和家庭维系方面的责任不该由男人承担，而主要该由女人承担。

男人不需要承担很多家庭内部工作，而主要应由女人承担的观点，将男人置于只要做一点就很容易得到夸奖的位置，而将女人置于做得不够就容易受到批评的不利境地。此外，这也意味女人是男人的默认劳动力，而男人是女人工作的默认受益人。在这种背景下，说女人是二等公民，而男人是一等公民，并不只是一个轻率、挑衅的陈述，而只是在简单陈述一个事实——虽然我们现在可能有了投票权，但女人仍要为取悦男人而服务。

在工作语境下，情绪劳动在幕后有特殊的位置。通过照护年老和年幼的家庭成员，建立和维护社群联系，完成具体的任务，确保群体利益并兼顾群体和谐、个人满意，**情绪劳动成为一种让每个人能够前进并团结起来的工作形式**。而且，随着情绪劳动在幕后不知疲倦地、默默地进行，也使其他更受社会认可和报酬更高的工作形式得以实现。情绪劳动是工作的终极推动者。一个被爱护、受过教育、营养充足、健康、社会化的年轻人进入这个世界，成为有能力的工作者，要得益于多年来塑造他的付出，以及需要更多付出来维持和提升他。[22]

这种情绪劳动对社会的益处远远超出个体家庭，也超出异性双亲家庭。在这里，女性也承担了主要负担，特别是在缺乏良好基础设施的社区。在这些情况下，女性既是外部伤害的缓冲器，为自己和亲人抵挡痛苦，也是治愈与进步的推动者。

我在密西西比遇到了艾希莉，她认为情绪劳动充斥在她生活的各个方面，作为单身母亲、黑人妇女、医疗业从业者，以及一个几乎没有自由和权力的人。她告诉我，她为了生存不停地进行情绪劳动，几乎要崩溃，但也因为她相信自己和女儿值得过更好的生活。

她所在的医疗行业要求她时刻与病人、同事和白人上司保持"开机"状态，这些人常常监督她的言谈举止，这让她别无选择，只能过滤自己的情绪表达，来取悦周围的人，保住自己的位置。但艾希莉已经认识到自己的权利，必要时对上司和同事提出了正式投诉。"我不会让人们阻止我做个好人，不论他们对待我有多糟糕。"她分享道。

对她来说，这种情绪劳动始于拒绝相信她被反复告知的负面性别歧视和种族主义信息。这种令人筋疲力尽的情绪劳动渗透进她的私人生活：她试着完成研究生学位，并为16岁的女儿提供一个稳定有爱的环境。"人们说，工作中发生的事情就应该留在工作中，但这对我不起作用。"她在谈到工作与私人生活要有清晰的界限时说。在新冠肺炎疫情的最初几年，有家庭的职业女性普遍存在这种抱怨。

在家里，作为处在青春期的黑人少女布里的单身母亲，艾希莉不仅要兼顾所有家务和账单，她还是女儿唯一的咨询师和捍卫者，她感到社会系统无法满足女儿的基本需求。在一些男孩开始因布里的相貌霸凌她之后，艾希莉注意到，她的女儿越来越多地内化了针对自己的消极信息。她的成绩开始下降，她开始相信自己很笨。艾希莉要求与学校管理者会面，讨论让女儿重回正轨的策略。在没有任何变化后，艾希莉再次来到学校，重申她希望女儿得到足够支持与关注的要求。这是学校管理者在履行公共教育责任时理应为她的孩子做的事情。

她告诉我，她这样做既是为了布里，也是为了像她一样的人。"有人说，'你做得太过了。我不会这么做'。"对这些人，她回应道："那是你。我不一样。我只是在做正确的事。"多年来，密西西比白人学生的高中毕业率始终高于黑人学生[23]，众所周知，黑人占多数的地区的护理和教学质量远低于白人占多数的地区。

2017 年，南方贫困法律中心代表四位非洲裔美国母亲就其子女就读的公立学校缺少有经验的教师、课本、基础物资甚至厕纸的情况，对密西西比州长提起诉讼。诉讼称该州未能履行"实行统一的免费公立学校制度"这一法律义务。在提起诉讼时，密西西比教育部将 14 个学区评为质量最高的"A"级——这 14 个学区都是白人占多数。而 19 个学区被评为最差的"F"级，所有这些学区都是黑人占多数。提起诉讼的一位母亲——多萝西·海默——上一年花了 100 美元为她 6 岁孩子就读的公立学校提供公共卫生物资。[24]

这些是为了保护、弥补和照顾群体的行动，是支持直系亲属和社群的生存与需要的情绪劳动。它们至关重要，但常常被忽视，被强加于人，而且是无薪的工作。[25]

艾希莉的大量情绪劳动很难量化。她并不身处可以指出伴侣每天多看一小时网飞电视剧，而自己辅导孩子写作业的浪漫关系中，但她仍然在提供额外的无形劳动。她与这个社会有更直接的、掠夺性的虐待关系，即使这个社会依赖她和她的工作运转，却从未真正重视她和她的工作。同时，她发现自己在弥补她和女儿被社会辜负的地方，努力坚持她们应当被人道、平等地对待。

艾希莉告诉我，她相信世代相传的诅咒——她理解她现在对抗的问题的种子在她出生前几个世纪就已种下，伤害着她被奴役的祖先。她决心打破自己的诅咒，并且日复一日地这样做。"通过大声疾呼，捍卫正义，超越自我。"她说。

她竭尽所能改变周围的世界，以改变对待她、她女儿以及她背后社群的方式。她的战斗在细节与困难上与詹妮弗、安妮塔或希玛的不同。但归根结底，她们的斗争息息相关。这些斗争是揭露不公正的斗争，这种不公正源于对整个群体的贬低，源于由此产生的情绪体验的等级制度，源于她们因此而被迫提供的劳动。这些斗争是让人们看见和重视个体的斗争，进一步说，是夺回她们工作的价值与权力的斗争。

艾希莉见证了有人剥夺就有人被剥夺，但对她来说，这种不平等毫无意义。这样组织世界的方式令人难以忍受。"上帝说要分享财富。"她坐在密西西比一个公园的长椅上，在一个春日的下午，嘴唇颤抖着，却毫不畏惧地告诉我。

第二章

权力分配:
不为情绪价值
付费

压迫

2020 年，在狂欢节的欢乐气氛中，有超过 100 万名狂欢者涌上路易斯安那州新奥尔良的街头。庆祝活动结束几周后，当地医院宣布出现了首批新冠肺炎感染病例。在此之前，新冠肺炎一直是个遥远的问题，听起来与这片大陆毫不相关。现在，这种致命的传染病，已经在南部最欢乐热闹的传统活动中，悄悄登陆美国。

新奥尔良有 31 家医院，露西在其中一家医院做患者护理技师。她记得自己在周二的新闻中听到过出现首批新冠肺炎病例的消息，但她一直没有在意，直到周六去上班，走到科室门口，看到一个"禁止入内"的标识，她才终于明白事态的严重性。她突然停下脚步。"你不知道？"一位路过的同事问她，"这是隔离部门，是新冠病毒携带者去的地方。"

恐慌骤然淹没了她。她坐下来，深呼吸，让自己慢慢平静下来，为接下来的事做好准备。新冠肺炎疫情期间的第一次轮班，唯一能安慰她的，只有她自己，没人有预案。她的直属上级——她周围的护士都吓坏了。手套和口罩也不够分给每个人。轮班期间，有一位与她一起工作的同事去了急诊室，检测结果为阳性。

露西的患者护理技师这个职位，也被称作护士助理，其职责包括每四小时检查一次病人的生命体征。但在新冠肺炎疫情形势下，她被额外分配了送餐和一般护理等本不属于她职责范围的工作。护士和其他医院工作人员滥用职权，以免让自己离病人太近。她感到茫然，感到自己暴露在危险的易感环境中，但她依然专心完成工作，不管自己的情绪如何，都摆出坚强而令人安心的表情。病人需要她。对病人来说，她很重要，他们很快就知道了她的名字，大叫"露西，露西，露西"。

露西习惯于隐藏自己的情绪，以完成工作，更好地照顾病人。这明显是情绪劳动。她觉得这种做法会让她成为一名"伟大的工作者"。值班时，她保持头脑冷静，但因为身处更低的医院等级而不得不咬紧牙关肩负起了更多职责。显然，工作将她置于危险之中，同时还期待她承担起更沉重的负担。

医疗产业包含情绪劳动这一事实几乎没有争议。事实上，在庞大的医疗产业中，"护理"部分的核心就是情绪劳动。医疗产业雇用了约 11% 的美国工人[1]，已超过了制造业和零售业 2017 年底的雇员数量。[2] 因为人口老龄化，政府在医疗领域的高额投入，以及大部分劳动无法自动化或外包给其他国家等，该产业只会继续增长。注册护士、像露西这样的护士助理、个人护理助手、家庭健康助手等职业都以女性劳动者为主，比例可达百分之八九十。[3]并且美国劳工统计局预测，未来十年中，上述职业都在就业增长最快的前二十名之内。[4]

但在这些飞速发展的职业中，只有注册护士的收入超过了2019年美国年薪中位数——40000美元[5]，可以达到每年73300美元。其余岗位虽然就业前景广阔，但薪资上限却低于生活工资[6]，落在每年20000美元到29900美元之间。至于露西，她每年挣27000美元，这要归功于从业十年的经验和按小时数稳定增长的加薪。但她没有抱怨。她已经取得了很大进步，她最初开始做护士助理工作时，每年只有14000美元的最低工资——几乎只有她现在收入的一半。

她没有抱怨，但也仅此而已。疫情暴发后的几周，甚至几个月里，她可以展现出的情绪和她实际感受到的情绪之间有一道鸿沟，而情绪劳动的付出量只增不减。她说："我和病人一样紧张、害怕。"但没人知道。她以最高标准要求自己，将病人的需求置于自己之上。她护理的病人给她看自己孩子和亲人的照片，请她打电话询问同样感染病毒但在不同房间隔离的配偶的情况。她说："我为大家服务，不介意多做些工作。"在疫情的恐怖气氛中，她试图展现出人性的温暖。她也觉得有必要快速完成工作以减少暴露在病毒中的时间。轮班很辛苦。上级总是把活儿派给她，与医生和护士相比，露西在医院的地位更低，她感到自己被扔进了深渊，被扔进压根不关心自己的环境，而人们还期待她在这样的环境中关心别人。

虽然露西觉得自己不受保护、不被关心，但她这类人却突然成了超级巨星。在世界各地，纽约、伦敦、马德里和其他主要城市的居民每晚会走上阳台或走到门前，敲着锅碗瓢盆欢呼鼓掌，感谢医护人员。他们的工作突然成了英雄主义的新型表现形式。全体医护人员——不再只是医生，也包括护士、护士助理、其他医院工作人员、清洁工、门卫，还有公交和地铁的司机、超市和仓储式批发商店的工作人员、邮政工作者和快递员——都以"必要工作人员"这个新类别而闻名。当美国，当世界面临灾难时，所有人都非常清楚，我们最依赖的不是那些有威望的著名人士——银行家、律师、好莱坞演员或者 CEO，而是帮助我们满足最基本需求（健康、食物、护理、安全、卫生）的人。

2020 年 7 月，《英国时尚》杂志主编，也是第一位获得这一职位的黑人，爱德华·恩宁弗，选择了三位必要工作人员作为杂志封面人物：火车司机、助产师、超市店员，三人都是女性，其中两位是有色人种。[7] 高端的时尚模特和迷人的国际电影明星暂时被当下的新英雄取代。女性工作者放弃了我们其他所有人追求的个人目标，承担了超出预期的职责。封面上的面孔，表现的是牺牲自己与安慰他人。

不幸的是，他们得到的只是敲打声而已，声望并没有转化为实际利益。起初，有人提出了联邦危险津贴，该津贴饱受热议，可以让必要工作者的薪资每小时增加 13 美元，几乎能使露西的收入翻倍。但提议从未得到落实。[8] 虽然人们对她的工作更加尊重，但露西从中得不到什么安慰。毕竟，她的工作一直都必不可少，而不仅在新冠肺炎疫情期间才重要。她和 150 万拥有相同职位的同事，平时就是与医院病人接触最多的人，他们为病人做基本的护理和监测，帮助病人完成日常活动：沐浴、饮食、如厕。他们进行了大量的情绪劳动，他们知道病人的名字，追踪病人的康复情况，留意病人之间重要的个体差异。他们知道该问谁问题，知道要调到哪个电视频道，知道怎么摆放垫子、是否拉上窗帘。他们做的是医疗护理中最人性化的工作，他们是为病人提供最多安慰的人。

虽然我们高声称赞他们；虽然无论有无疫情，他们的工作都极其必要；虽然他们支撑起的这个产业，是美国经济支柱的重要组成部分，但他们得到的实际补偿却并不多，可用的防护措施也几乎没有。

这是为什么？为什么我们终于认识到了必要工作的价值——其中多数来自包含大量情绪劳动的护理工作——却没有将这种价值转变成现金，也没有将其转变成更好的工作条件与法律保障？

答案是这种赞美并不新鲜，对女性化工作的赞美不过是另一层面纱，掩盖了我们长期拒绝为满足我们基本需求的工作付费的事实。尽管上了杂志封面，尽管有科学的实证证据，但这种行动和价值的脱节依然存在。

过去 40 年的研究显示，人类生存需要首先满足情绪需求。爱、联系感、归属感对人类繁衍生息无比重要，比我们吃的食物或我们头上的屋顶还重要。[9]一篇囊括了 148 项研究，使用了超过 30 万名参与者数据的元分析显示，就维持人类生存而言，糟糕的社交关系比缺少运动和肥胖更有害，其对健康的影响至少与吸烟和饮酒等同。拥有稳定社交关系的人，比缺少社交的人，生存概率高 50%。[10]社会联系对我们的免疫系统有直接且重要的积极影响。身处社会团体之中，能让我们更好地抵御疾病。[11]

证据如此确凿，为什么还要玩这样的把戏？这样做不仅不公平，而且没把情绪劳动算进资本主义经济。我们都学过，资本主义经济体制会为最有价值的东西支付最高价。

事实是，我们的经济规则并不是根据从事工作的人和这项工作的类型而公平应用的。我们的社会制度建立在野蛮且倒退的社会信念之上，远比我们愿意承认的更加严重。这个系统并不公正。2010 年，加州大学伯克利分校的伊芙琳·中野·格伦教授详细解释了"关怀"行为的基础动态：压迫。[12]人们受到身体上、经济上、社会上和道德上的压力，这些压力引导人们按照格伦所说的"身份义务"行事，而"身份义务"常常与性别紧密相关，也受到种族和阶级影响。换句话说，性别地位更低的人（如母亲、女儿、妻子）被迫因她们与接受关怀者或社会大众的关系而遭受微妙和不那么微妙的压力，并因此做出关怀行为。

在市场上，这种压迫仍然存在，这使得护理工作完全成了当代工作中的异类。从 19 世纪开始，大多数工作都不是在展示地位，而是为了达成交换。今天，我们期待提供服务可以换取酬金——时薪、月薪或年薪。就算没有工资，我们也会期待能进行其他交换。有时可以用类似"以物易物"的方式，用服务来交换其他东西或另一项服务。我们甚至会因为期待未来可能发生的、抽象的互惠交换而提供服务（例如，我之所以给你的花浇水，是因为我知道，我下次离开镇子的时候，你会帮我照看我的猫）。然而，护理不像其他种类的工作，从劳动形式发展的视角来看，护理仍处在格伦所说的"前现代"阶段。这意味着，护理，包括其重要组成部分——情绪劳动，还保留着"被迫送出的礼物"这一属性，很难要求或期待任何形式的报酬、承认或交换。虽然护理与情绪劳动严重重叠，但我认为，正是情绪劳动，而非智力或体力劳动，导致护理工作的地位如此之低，导致护理工作仍在遭受压迫和剥削——即使其中的智力和体力劳动能得到报酬。

小费制服务行业最清晰地展现了充分挖掘情绪劳动价值能给顾客带来多大满足。超过 400 万美国工人在酒吧和餐厅工作，其中大多数是女人。[13] 餐饮行业的雇主就占了美国人口的 10%，大多数餐厅老板不向服务员和调酒师支付全薪，而是支付小费制工资中的次最低工资。迄今为止，次最低工资的联邦标准仍是每小时 2.13 美元。白班工作 10 小时？那么依据联邦法律，你一天的工作收入可以低至 21 美元：这是个低得离谱的金额，仅占生活工资的七分之一左右。[14]

当然，大多数从业者的收入都超过雇主支付的金额，这是因为顾客会留下小费。顾客分担了雇主转嫁给他们的员工工资负担。从情绪劳动的视角来看，这极好地展现了这个系统的虚伪之处：**这个系统依赖雇员的情绪劳动来谋利，但完全不愿意为此付费。**

顾客是依据什么来决定给多少小费的？服务质量？当然，但服务质量具体是指什么？通常服务质量远不只是服务员能否及时、准确地下单和上菜，还要考虑顾客对服务的感受。服务员笑了吗？他们显得友好、专业，而且讨人喜欢吗？他们为你创造了良好的情绪体验吗？事实上，判断服务好不好，主要是判断服务员做了多少典型的情绪劳动，也就是他们有没有调整自己的情绪表达，将规定的情绪传达给顾客。他们所传达的情绪是商家品牌的一部分。服务员几乎完全靠情绪劳动维生，但人们认为雇主可以不为这种情绪劳动付费。小费制工人生活贫困的可能性达到其他工人的两倍，而这种观念是造成这种现象的部分原因。[15] 而且，这种收入结构又导致服务员需要仰赖顾客来维持生计，这让他们不得不进行危险而不受监管的互动，这既是他们低微地位的象征，也是让他们地位更低的原因。

凯莉是一位 31 岁的服务员，她在密歇根州东南部高速公路旁的一家汉堡店工作。她斩钉截铁地告诉我，保持积极热情是获得小费的捷径，而且不同的态度还会决定你是完全贫困，还是有钱活着。"你微笑，说'茄子'，摆出一张开心的脸，尽你所能。最终，你就能祈祷带点钱走。"

接受我采访的那段时间，凯莉睡在妹妹家的沙发上。她是位单身母亲，最近逃离了一段不良关系，负担不起自己的房租。她反复告诉我她的工作是一份"苦差事"，但其中最重要的部分是不要让顾客看到她真实的经历和感受——教科书式的情绪劳动。在负责分配轮班的经理身边，凯莉也要保持积极乐观。相比起在周初和午餐时值班，如果轮到在周末和晚餐时值班，一周工作结束时，你就能带着两倍甚至三倍的收入回家——这是少于 200 美元或多于 600 美元的差异。她需要小费来赚取合宜的工资，也需要小费来支付所有的医疗、退休、假日开支和日常生活费用，法律允许餐厅雇主不提供这些工作保障。

凯莉的同事查茜蒂告诉我，她已经在餐厅工作几年了，有极为痛苦的应激损伤——手部有腕管综合征，膝盖脆弱得需要手术——这些都是工作导致的。但她仍继续工作，强迫自己表现得温暖、顺从、惹人喜欢。只有如此，她才能维持收支平衡。

经济学家创造了"劳动的女性化"一词，用以描述拒绝承认女性化工作、拒绝足额支付女性化工作报酬的现象。[16] 如护理、服务、看护等女性化工作正成为经济主体。自 20 世纪 30 年代起，政府始终未要求女性化产业（包括服务业）雇主为员工提供基本的劳动保障，以此来帮助私下经营女性化产业的实权派。而在男性化领域（如制造业）中，这些基本劳动保障已得到普及。这种经济规划说明政府相信，女性化的情绪劳动是劳动者弱势地位的外显特征，不值得为此提供什么交换。

布法罗大学法学院的退休教授戴安娜·埃弗里将给小费这种习惯描述为性别化的思想倒退。在一次采访中，她谈及美国——这个以抛弃了欧洲中世纪阶级制度而自豪的民主国家——小费文化繁荣的虚伪之处，她告诉我："用小费交换服务代表了一种隐含的主仆关系。"

小费的起源实际上可以追溯到欧洲，奴隶阶级的工人希望完成服务后，仁慈的上层阶级成员可以扔给他们一枚硬币或一张钞票。据报道，19世纪初前往欧洲旅行的美国人曾对这种不民主、不平等的做法感到震惊。[17] 而今天，双方角色彻底互换。现在来到美国的游客会震惊地发现，外出用餐时，将食品费用的20%当作小费交给服务员不仅正常，而且符合社会期望。

这一悖论暴露了美国在将民主原则转化为经济实践时有多虚伪，而且有助于我们了解情绪劳动是如何剥夺自由的。如果查茜蒂和凯莉能表达真实自我，她们不会笑，但为了完成工作，她们必须展示笑容。但正是因为人们并不觉得情绪劳动值得交换，所以导致她们能否维持生计，要取决于顾客不稳定的慷慨程度，这令她们无比难堪。

查茜蒂头巾上的人造宝石闪闪发光，她盯着我，倾诉顾客对她身体的侵犯。性骚扰十分常见，她相信顾客一定是以为支付小费就可以不顾她的意愿和岗位描述要求她提供性服务。很难不将此视为一个陷阱。2014年餐饮业机遇联合中心（Restaurant Opportunities Centers United）针对近700名小费工作者做了一项研究，发现 80% 的女服务员遭遇过顾客的性骚扰。[18]2020 年的另一项调查显示，新冠肺炎疫情期间，骚扰服务员的现象明显增加，公共卫生危机让与新冠肺炎相关的下流话大幅增加。服务员报告称，顾客会说"无法想象与你性感的屁股保持社交距离"这样的话，并要求服务员摘下口罩，看脸决定支付多少小费。[19]

现在，服务员的身体完整权遭到新的攻击，还可能染上致命的疾病，这更加清晰地展示了这种场景下的权力动态。法学教授埃弗里解释说，过时的阶级歧视和种族歧视观点可以追溯至 19 世纪，其期待体面的女人——换句话说，白人中上阶级的女人——待在家里，并把在酒吧工作的女人视为性工作者。"那时的观点一直延续至今。女人应该待在家里。如果她们离开家，那显然是有什么别的原因。"埃弗里模拟男性骚扰者说道。

或许女人现在占了正规劳动人口将近一半的比例，但人们仍认为公共场所属于男性，如果女性进入，就要遵守男性的规则，提供服务，满足男性凝视或娱乐男性的需求。[20]这种将性对象或性工作者的身份与女职工联系起来的做法，进一步降低了女性的地位，使得人们可以更合理地以糟糕——甚至惩罚性的——方式对待女人。情绪劳动也被视为性劳动，因为情绪劳动也是父权制资本主义下的女性化工作形式。在父权制资本主义下，这类工作属于家庭，如果离开家庭，就应该回避这些工作。在芝加哥与我交谈的服务员艾莉森，以清晰的方式表达了系统的荒谬性："你不会走进银行去和出纳员调情，出纳员也不用依赖你——顾客——来挣钱，挣工资。"

为了挣房租，工人们不得不遵循一种非常有名的中世纪习俗。依照这种习俗，封建领主可以在农奴的新婚之夜要求实施对农奴妻子身体的权利，这被称为"初夜权"。[21] 由于员工很可能从中获利，餐厅或酒吧的经营者也没有兴趣充分保护员工。允许对服务员进行性暗示，就是默许全面降低服务员的地位，并且促进了一种现象：一方面要求他们进行情绪劳动（使企业能据此盈利），另一方面又贬低情绪劳动的价值（使企业无须支付费用）。

· · ·

即使与护理和服务产业有所不同，即使情绪劳动不是工作的明确组成部分，女人还是需要在工作中进行得不到足够报酬的情绪劳动。

来自密歇根的德文·麦克纳利 20 多岁时在一家大型传统汽车公司做营销工作。她迫不及待想证明自己的价值，成为团队中的重要角色。她曾靠着自己的传播学学位和积极主动的工作态度，将服务岗位转变为公共关系岗位。这使她相信自己可以把工作做好，可以得到关注，她甚至开始有意识地寻求晋升。

德文进入的企业属于男性主导的产业，但她并不觉得这有什么特殊。20 世纪下半叶，大量女性进入一直由男性主导的白领行业[22]，她母亲就是其中一员。对德文来说，女性在公司上班十分平常，而且她有充分的理由相信，她的资历和她天生的才智、魅力与自信，都会有助于她成功。

2010 年，脸书首席运营官谢丽尔·桑德伯格发表了一场 TED 演讲，标题是《为什么女性领导那么少》。这个演讲爆火。2013 年，她又出版了畅销书《向前一步》。[23] 她的观点为德文这样的年轻女性提供了帮助，让她们不仅能进入此前由男性主导的产业，而且可以实现上一代女性很少能做到的事情：在公司里得到晋升和更好的发展。

桑德伯格在演讲中阐明了她的观点，也在书中更详细、更深入地做了解释。她提出，要取得成功，女人可以做三项改变。第一，她呼吁女人主动参与讨论，表现得就像自己大权在握一样，要像那些无论有没有得到邀请，都毫不犹豫以自己为中心，抛出自己想法的男人一样自信。她认为，在职场上，女人倾向于向后退，而她们需要向前一步。第二，她提倡女人应该选择合适的亲密伴侣：选择某个能帮忙分摊私人负担的人，以便可以将更多时间花在工作中，推进职业生涯发展。第三，她敦促女人要对自己的事业有抱负，而不是按她的说法，在她们必须离开工作岗位前好几年就"下班走人"。她警告说，尤其不要有失败主义态度，也要抵制"生了孩子怎么办"的担忧。甚至有人在女人自己还没开始考虑是否成家时就在担心这种事情。她建议现在就专心追求晋升，等以后问题真的出现了再去解决。桑德伯格的建议清晰而给人力量：要有正确的个人态度、个人生活选择，再减少急于道歉等女性化行为，女人终究可以向前、向上迈进。她的观点触动了美国及其他地区女性的神经。直至今日，世界上已涌现出超过4.4万个"向前一步组织"，它们是围绕桑德伯格的建议组织起来的女性小团体。[24]

德文进入劳动力市场时，桑德伯格的这种观点正在全世界激起广泛反响。她知道，自己不害怕参与讨论，不害怕向前一步，不害怕在有所了解时，让人们听到她的声音。很快，机会来了。

她受邀与团队一起参加一个有高层领导出席的营销会议，讨论"影响千禧一代"的策略。当时，18岁以上的年轻人中，千禧一代人数最多。除了她，与会者都是男性。她记得有人提出了登载杂志广告的策略，这让她惊讶得目瞪口呆。没有人提到像Instagram、Snapchat、脸书这样的社交媒体平台，更没人调查过年轻人实际阅读纸质杂志的频次。她立刻明白，这个方案行不通。之后又有人提出要在纸质杂志中放入可以揭下来贴在物品或车上的免费贴纸，而这个想法竟然还得到了广泛支持，她更加确定了自己的观点：对于通过网络获取大部分信息，不太会订阅太多印刷品的一代人来说，这个想法再脱节不过了。[25] 德文认为该策略肯定无法在她的同辈人中引起共鸣，更不可能产生影响。她是营销团队的一员，也是最年轻的与会者，而且实际上就属于整个会议所讨论的千禧一代，她的观点似乎值得分享。

德文在解释当前提议的问题前坦率地宣布："这是个非常糟糕的主意。"房间里的气氛凝固了。

德文解释说，她看到男人在会议中就是这样相互交谈的，无论身份和年龄如何，他们都这样交流。她只是用自己观察到的他们之间互动的方式与他们互动。但她现在知道了，对女人来说，这种行为会带来惩罚。唉，她向前一步却没有得到任何回报，反而招致了惩罚。

其他团队的一位男同事转向她，问她难道不应该保持安静，记记笔记吗？虽然她并不负责任何支持、行政或秘书岗位工作。会后，有年龄较长的好心女人听说了这个事件，过来找她。德文以为对方可能会表示同情或震惊，但她反而遭到了训斥。"她们告诉我，在公司里取得成功的唯一方法，就是让你身边的男性获得更多自我价值感。"让男同事和上级感觉良好，这是情绪劳动，而且这种情绪劳动与肯定男性权力紧密相关。这听上去就像是一个隐喻性的邀请，邀请她不断参与亲吻权戒的仪式。更过分的是，她的一位男主管也在邮件中插话，告诉她，"作为一个女人，她给人感觉非常生硬粗暴"。

"生硬粗暴"这个词刺痛了她。她周围的男人都可以这样直接地说话，甚至还可以说得更直接，但她却被一个非常性别化的形容词惩罚：情绪表达的双重标准非常不公平。无论男人说话有多直白，她从未看到他们因反对某个提案而受责备，更不会有人说他们生硬粗暴或者有攻击性。但消息传开了，公司里每个人都知道德文说了什么，知道这意味着什么。

德文与她在人力资源部门工作的母亲谈了这件事。母亲告诉她，要巧妙处理自己的语调，学习适应文化中那些难以下咽的东西。"我进入社会时有些幼稚。我期待竞争。我知道需要注意薪酬不平等的问题，但我没想到还有这种情况。"

德文觉得，这些额外的新规则——明确要求她使用女性化的语调并进行情绪劳动——会阻碍她获得注意，阻碍她找到努力工作，取得成功的办法，这只会让事情变得更糟。她的女上司给了她很多小贴士，她建议德文在邮件中添加笑脸。即使在线上，她也必须表现得乐观，且对男人没有威胁。人们期待她在每次沟通中都进行情绪劳动，让每个人感觉良好，这是她实际工作以外的优先事项，甚至还是完成工作的先决条件。

德文的教训是残酷的，但越来越多的研究显示，她的经历并不罕见。2018 年的一篇论文提出了这样的问题：为什么过去十年间，两性在职业抱负上的差异缩小了，但在领导岗和男性主导的行业里女人仍然是少数？[26] 研究者调查了一家大型跨国企业的 236 名工程师（其中 23% 是女性），要求他们回答有关自我认知的问题，并请同事和上级评价他们。证据显示，男人和女人自信程度相似，也都认可展现自信对职业发展很重要。论文作者围绕这一结果，研究他人对工程师们自信程度的评价。论文作者发现，不论哪种性别，能干的工程师都收到了"自信""有抱负""追求成功"的评价。随后，论文作者研究了"自信表现"能在多大程度上解释员工取得成功的可能性。这时出现了清晰的性别差异。

对男人来说，能干且自信，是让他们获得影响力，为他们铺平升迁道路的两个有利因素。把事情做好，表现得好像你知道自己在做什么：很简单的诀窍。但对女人来说，只有这两个特质还不足以获得晋升。如果女人想要像同级别男同事那样获得影响力，她们还需要拥有和展示被组织心理学称为"亲社会倾向"的特质。亲社会倾向是那些通常与女性相关联的合群属性：以他人为导向，重视、考虑他人和公司的利益，善良，关怀，慈爱，以及表达体贴。研究发现，表现出善良、关怀等女性气质的刻板印象是女性想要取得成功时隐含的附加条件。换句话说，只做本职工作还不够，她们还要做情绪劳动。

对很多女职工来说，这是第二十二条军规。但如果你必须展示自己有多考虑他人的需求、有多敏感才能前进，你就很难同时表现得果断自信。

性骚扰等很多羞辱行为起着类似的作用：剥夺女人的权力，提醒女人公共空间是为男人创造的，当女人试图与男人在同水平的竞技场上发挥才能时，这类行为迫使她们展现出支持、关怀和服从的性格。而这些行为让女人被迫扮演支持性角色，从而阻碍女人升职。这同样适用于有色人种中的男性，特别是黑人。人们期待黑人男性在沟通和展示自己时始终表现得克制且顺从，以避免被套入种族刻板印象并招致惩罚。

当然，桑德伯格非常清楚这点，她告诉每一代女性职员要向前一步：摆脱她们的二等公民身份，表现得像个胜利者。但只要我们还没有找出自己被要求做了哪些歧视性的、不平等的情绪劳动，就无法做到她说的事。

这些微观与宏观的不公正通过后坐力效应得以实现。[27] 这种后坐力效应与前面章节中的描述相似，但在威胁不符合性别规范的个体时，不再仅仅使用社会惩罚的手段，而且增加了经济制裁。这使得任何性别的人，都需要监督、管理自己和他人的行为，有意或无意地共同维持既有的僵化刻板印象。人们总是期待女人表现出慈爱、利他的品质，而如果女人表现出所谓的"能动"行为——占支配地位、果断、竞争——为升职而表现得像男性一样，就必然遭遇这种后坐力。

为缓解这种后坐力，避免显得对权力太过饥渴，或太过热切地想取得成功，女人必须玩补偿游戏。 如果声称自己能干且自信，就要付出足够的情绪劳动来安抚人心。因为这两组人格特征基本相反——与其说是互补，不如说更像是在分别表达支配与从属的地位——所以几乎不可能同时传递两方面的信息。而这对不按照传统异性恋行为脚本表演的人来说更加沉重，特别是有一部分人，由于神经系统的多样性或其他未知原因，他们的大脑会以不同的方式应对社交场景。沟通时不得不进行相互矛盾的猜谜游戏，并不能像有些人想让我们相信的那样提升效率，反而会降低效率。

海莉在西海岸一家男性主导的大公司里任负责人。她自我认同为女同性恋，并且已经出柜。她告诉我她会本能地选择外向、直接的交流方式，这导致传统上人们会把她视为有权势的领导者。"我在会上总是不顾一切达成目的。"海莉说，并补充说她很容易占据"职场中的男性空间"。

但当她爬上公司的晋升阶梯，周围只有男性的时候，她的性别表达越来越多地遭到忽视。男同事不断强迫她承认自己的女性身份，并抑制了她属于同性恋的、更男性化的能量。"我占据了中间的位置。我是个女同性恋，当然，我总是承认自己的同性恋身份。但我仍然必须满足一些女性期望，我不能只按男性框架生活。"

一位男同事让她坐下来，告诉她要更谨慎，不能再只做"外向的自己"了。她不得不完成双倍的工作，不顾自我认同的身份，让自己以更女性化的方式迎合他人。但这其实并不真实。她开始使用以前避免使用的"软技能"，开始在正式会议之外进行饮水机谈话和咖啡间会议，以此来争取人们的支持，获得认可，完成部门管理的基本事务。"我曾以为你站得越高，就越需要成就和技能，但我现在不确定了。"

她不能做自己：她未获得表达自己的空间或特权。她被迫提供男人无须提供的情绪劳动，而这种期望也违反了她的性别表达，这让她感觉受到侮辱。离开公司时，她说她不确定他们歧视自己的主要原因是什么。是因为她看起来是女性？还是因为她的性取向和女同性恋身份？抑或因为她主张进一步推进可持续发展，关注身处困境的群体？

改变、掩盖或压抑真实的情感是人类独有的能力。就算觉得非常无聊，我们也能为迎合社交气氛而哈哈大笑；就算内心窃喜，我们也能为迎合社交气氛而表现得很沮丧；在无须大笑，也无须沮丧的场合，我们还能表现得顺从、友善。这些事我们都能做得到，而且我们确实每时每刻都多多少少做了这样的事。

社会期望人们在工作时进行情绪劳动，摆出专业面孔。这项期望并不只针对女人。摆出专业面孔可能需要维持基本的礼貌、互相完成一些形式上的礼仪——微笑、打招呼。可能要提一两个问题，问问对方周末过得怎么样。可能要在交流中保持头脑冷静，确保自己表达的情绪足够稳定，调节自己情绪的温度——无论是面对面、打电话，还是使用邮件交流，都不要太热太愤怒，也不要太冷太唐突。

但由于尊重他人情绪、过滤自己情绪的要求与权力地位相对应，因此，在传统的职场上，你爬得越高，需要做的情绪劳动就越少。人们期待实习生比初级职员表现得更恭敬，初级职员比副总裁表现得更恭敬，副总裁比创始人和 CEO 表现得更恭敬。在引入性别表达、身份认同、种族和阶级元素之前，都是这样的，而这些元素多多少少体现了权力。男性初级职员对同事说话时语气唐突可能不会受到惩罚，而女性高级职员则不然。白人男性职员可能可以与同事激烈且大声地讨论问题，而黑人男性职员则可能受到警告并被告知要安静下来。

目前，我们证明了进行情绪劳动会被边缘化，但这不是绝对的。

大约 30 年前，专栏作家丹尼尔·戈尔曼出版了畅销书《情商》。这本书让人们了解到情绪这一非智力因素在商业环境中的价值。[28] 这本书中有充分的论据，引起了很多人共鸣，而且此后的研究也不断证实书中的观点。在职场上，自我意识、自制力、动机、共情、社交技巧可以培养出更好的员工，营造更好的工作环境。最关键的是，还能造就更好的领导。

作者选择在书中讨论作为领导力特质的"情商"，而非将情商投入工作的行为——"情绪劳动"。这意味深长。虽然这本书促使人们尊重情绪素养，但这本书只关注了白领行业的向上流动，完全回避了可能可以变革所有领域工作的讨论。这种失误使其无法深刻分析工作场所的权力结构，遮盖了边缘群体被迫进行的情绪劳动。如果不将情商视为与其他工作一样需要时间、精力和技能的工作形式，就意味着只有一些地位高的工作者能因这种做法得到称赞。如果不指明情绪劳动存在于白领、服务、医护，以及其他所有产业的所有岗位，我们就几乎故意营造了奖赏情绪劳动，而非将情绪劳动负担卸下的文化环境。

. . . .

对德文来说，她很久之前就离开了那个让她在会上保持安静的汽车行业营销岗位，找到了下一份工作。她说，她环顾四周，意识到，能让她感兴趣的部门里虽然有女性，但几乎没有女人会尝试升职。她们的建议不是为获得权力、影响力或平等待遇准备的。她们的建议只是生存建议。她说："我绝不会选择那条常规路线，我就是不想安安静静坐着。"

"女人以为自己必须选择一套人格特质——女性化与领导力不兼容，如果你想当领导，你就不能女性化行事。但让我们别再想支配与服从了。我有些时候占支配地位，而有些时候不是。而且，我强烈相信，正因为我们的女性化特质，所以女人是强有力的领导者。我相信可以用才智领导，用同理心沟通。"

她在另一家公司找到了一个合适的工作，这家公司不会总是不公平地监控她提出建议的方式。她晋升了。但在她离开原来的岗位之前，他们给了她一点展示机会，她现在还不确定该怎么看待这件事。那次会议后过了一段时间，一位上级领导找到她，请她做公司内部宣传活动的代言人。她同意了，因为她以为这能带来更多机会，但并没有。

相反，他们只是将她的照片放得很大。那段时间，她的笑脸问候着每位走进办公室的同事——沉默地为所有人提供情绪劳动，而与此同时，他们却否定了她的想法。她最终得到了表达自己的机会与空间，但她在某一时刻的二维形象，只展示和传递了公司想要从她身上获得的、受到控制的情绪。

第三章

历史溯源：
剥削性的
情绪价值

从属

寒冷的 12 月清晨，我前往一家迷人的咖啡馆与安娜见面。安娜现在住在纽约市布鲁克林区，她选择的见面地点就位于这里老旧的红砖房中间。这家店看起来摇摇欲坠，是一座装配有消防梯的古老建筑。这里不仅卖咖啡，也是古董店，出售各种奇珍异宝和家具，就像是被冻结在了 19 世纪后期。我进店寻找安娜，有点期待柜台下会突然出现一个留着尖尖的灰色胡须，戴着单片眼镜的男人，问我今天想要什么魔法药水。在我脑海中的幻象正要从红木柜子里拿蛇油或者大黄的时候，我在前厅找到了安娜，她鼻子上架着猫眼眼镜，穿着看起来很柔软的黑色毛衣御寒。

安娜给一名 5 岁半的女孩当保姆。女孩名叫米娅，是独生女，就住在附近。米娅的母亲在食品行业工作，父亲在金融行业工作。这几天我和安娜一直想见面聊聊，但她好几次被迫在最后一刻爽约，因为小米娅病了，她的正常下班时间受到影响。安娜今年 25

岁，已经做了 6 年保姆工作。我问她这份工作都要做什么，她告诉我这份工作包括与米娅有关的"必要的一切"：要负责她的日程安排、穿衣、饮食、学校教育、整体身心健康，以及情绪、智力和身体上的发展。

具体来说，安娜的工作从早上 7 点左右帮米娅准备上学开始。在送她上学和接她回来之间有一段间歇，这段时间安娜可以做一些自己的事，或者她通常会做些和米娅有关的杂务，比如洗衣服和日程安排。忙碌的保姆工作从下午 3 点左右接米娅回来开始，持续到晚上 7 点或 9 点，这取决于米娅的母亲能否抽出时间哄她睡觉。她每周至少工作 5 天，经常要工作 6 天。

安娜温文尔雅且温暖友好，她将自己描述为"A 型人格的对立面"。她对工作中的情绪劳动直言不讳。她告诉我："和米娅在一起时，你必须活泼快乐。"安娜解释说，送米娅去上学或者参加活动之后，她会做和米娅有关的家务，但也会花时间放松，把注意力放在自己身上。她知道在照看孩子时，保持"开机状态"非常重要。安娜的情绪劳动与为米娅提供爱与安全感密切相关：她当然需要创造积极的环境、顺利完成米娅生活中的日常活动。但她的情绪劳动也包括为孩子提供一个发展、探究、识别情绪的环境，因为米娅正以极大的敏感性、极高的学习能力和极快的速度构建她周围的世界。米娅要对感受进行解释，并将其转化为可以命名的情绪。

"这对她很重要，她在学习，有各种体验需要整合到一起。

她只有 5 岁半，每件事都需要解释。在这种场合，作为成年人，你必须在她高兴或伤心时陪在她身边，或者（试着）理解她为什么有这样的情绪。要能敏锐地判断她的状态好不好，不要失去耐心或者对她失望，因为她不是难相处，她只是在试着理解自己周围发生了什么。"

任何曾照顾孩子超过一下午的成年人——父母、保姆、阿姨、叔叔或者兄弟姐妹——都很容易认出安娜在米娅情绪需求与发展方面付出的基本情绪劳动。儿童不仅需要食物、衣服和休息，也需要关爱和关注。这要求成年人控制情绪，表达心情，回答问题，并设法不断对内心世界和外部宇宙做出解释。他们需要指导和安全的依恋关系，这会帮助他们获得稳定的归属感、联结感和爱等必要的人类情感。这种和孩子一起做的情绪劳动，有利于孩子发展情绪识别能力——辨认和表达情绪的能力——这种能力以后会帮助他们理解自己的情绪，明确自己的想法，并将其与外部世界联系起来。[1]

安娜告诉我，她知道自己照顾过的每个孩子需要哪种爱的语言。米娅喜欢身体接触。"她热爱拥抱。如果她没在玩儿，那她百分之九十九的时间会坐在我腿上或者依偎在我怀里。她就是这样接收爱意的。她非常非常可爱。她真的需要大量身体接触。当她生病时，她只想蜷缩起来，当然，也因为她感觉不舒服。"

她笑着描述抱着不愿意离开的小孩时要怎么完成各种各样的体力活。但她并没有感到不满，而且安娜说米娅给她的感情是相互的。"我不知道怎么才能在照顾孩子的同时却不喜欢上他们。对我来说，照顾他们就包括从情感上卷入他们正在经历的一切，他们的一些需求也需要情绪参与。至少对我来说，如果我不喜欢他们、不关心他们，我就没办法照顾他们。"真诚热爱是她能够顺利履行深层次情绪劳动职责的一部分，但热爱工作并不意味着能让工作变轻松。

"毫无疑问，这份工作既有趣又有价值，但有时，一天下来，我会非常非常累。我倾向于这样描述这种累——如果你跑步，或者游泳，运动一个小时，你觉得很棒，你的身体也觉得很棒，但你离开跑道或泳池，你就觉得'啊啊啊啊，我现在已经用尽所有能量了'。有时候，照看孩子就很像这种感觉。"

安娜告诉我，她的疲惫与情绪活动密切相关，情绪上的疲惫远超体力活动（如抱米娅或者洗衣服）带来的疲劳。总是要积极乐观、考虑周到、愿意倾听、令人愉快，总是要保持"开机状态"，这就是她晚上回到男友身边时完全筋疲力尽的原因。在家里，情绪劳动也等着她。她男友有自己的情绪需要与要求。她谈及工作、家庭与自己实际家庭中的情绪劳动起了复合作用："我确实觉得我在家里也做了很多情绪劳动，然后感觉自己被掏空了。"

对米娅的爱让她感到工作更有意义，当然，也让工作更辛苦。这让找到一点时间恢复体力变得极其重要又很有压力。尤其是她还有自己的情侣关系和家庭关系要维持。尽管安娜非常擅长情绪劳动，但她感觉自己快要精疲力竭了。

. . .

在围绕情绪劳动的讨论中，目前还缺少对正式看护人员——从保姆到家庭健康助理、护士助理，以及其他领域中大量女性的关注。鉴于这些人支撑着我们的社会和经济，而情绪很明显是他们所从事工作的核心，将他们排除在外非常奇怪。某些时候，这是因为人们不注意，但有些时候，这是出于人们善意却不合适的目的。

谈到这些领域的工人时，学者[2]倾向于讨论"关怀"，而在私下或公开场合，他们会将"情绪劳动"这一术语，局限在中产或更高阶级的问题进行区别对待。在某些圈子里，人们已将情绪劳动视为"抱怨"的代名词：有权势的白人女权主义者最糟。我采访的一位学者是她领域的领导者，她提出，当下情绪劳动的重心已经完全超出了工人阶级或处于系统性不平等劣势的人日常所关注的范围。

这种区分可能看上去很高尚，但却忽视了双方的困境有着共同的根源。而如果能明确谴责这些根源问题，将有利于推动整个对话更进一步。正是因为我们低估了女性化的情绪劳动，所以照护工作如此不稳定；正是因为我们相信爱与共情不属于工作范畴，所以劳工难以获得基本权益和合理报酬；正是因为我们要求女性化和种族化群体顺从地进行情绪劳动，以换取几近于无的报偿，所以情绪劳动与剥削紧密相关。

认为工人阶级女性或有色人种女性没有在职场和家中承担沉重的、剥削性的情绪劳动，不仅会妨碍我们认清事情全貌，而且荒唐又冒犯。安娜自我认同为非洲裔拉丁人，她在保姆工作中提供了大量被期待的情绪劳动，无论怎样审查，这都是事实。而且，毫无疑问，安娜仍需要处理来自男友的抱怨和压力，他想要她更多的私人时间和情绪陪伴。无视工人阶级和有色人种女性的情绪劳动，是在否认她们的情绪体验。

一位从事家政工作的底特律妇女透露，她前夫期望她时时满足大量情绪劳动需求，于是满足前夫期望成了她年轻时最常做的事情。她现在已离开前夫并接受治疗。她的情绪劳动经历难道不真实吗？她接受治疗这件事难道令人震惊吗？相反，她们有额外的财务负担、不稳定的工资；而且身处犯罪更多，毒品更多，发生过更多暴力事件的环境——这些因素意味着她们需要付出更多的爱，提供更多帮助，来安抚其他人，从而使自己所在的社群能继续生存下去。

不再关注无权势女性的情绪劳动，进一步物化了她们。而且，将这个话题视为纯粹精英主义的话题，将促使性别歧视的观念更加根深蒂固：女人的关注点就"非常傻"，社会可以将其视为不相干、不重要的事情予以拒绝。"抱怨'情绪是工作'？这些女人接下来还要找点什么来抱怨？"

无疑，在短期内，更有权有势的女人会有一种不正常的动机，让她们将低估劳动价值的问题拖下去，将责任转到她们可以廉价雇用的、权势更少的女人肩上。她们只顾着自己体验到的不公正，未能拒绝——意识到，对他人来说，她们自己已成了系统的共犯。这种妨碍进步的分割是只对某些人暂时有效的解决办法。不论有什么样的社会背景，只要执行女性化任务的人不将彼此视为同事，就不会产生多大变革。

我在纽约采访的一个女人，在谈及情绪劳动时，提到了不得不与幼儿保姆打交道的负担。她的保姆向她倾诉，说自己饱受丈夫虐待，还有一个十几岁的儿子。其中的讽刺性令我目瞪口呆。按说你正利用她被低估的情绪劳动来为自己服务，而你却抱怨她？这是何等讽刺。我的受访者怎能看不到讽刺，她怎能如此厚颜无耻地将自己的困境置于保姆之上？对这位受访者来说，在她自己的家庭环境中，可能也真的有对情绪劳动的贬低和漠视，但这无疑对她保姆的影响更大，而且对雇主有利。

并非情绪劳动本质上就不公正。**如果能正视、重视、感激情绪劳动，或者如果将情绪劳动看作交换、关系或系统的一部分，且在这样的互动中，爱就是权力，那么情绪劳动就不必然是剥削性的。**所以与那位受访者所想的正好相反：将情绪劳动提供给那些为你做情绪劳动的人，是我们想达成的目标，而非想解决的问题。

如果我们想揭露并解决问题，就要把线索整合起来。在这种性别歧视、阶级歧视、种族歧视的倾向下，如果我们急切地抓住能公然将工人阶级和有色人种的情绪当作打折商品的机会，但否认任何完整、私人的情绪体验，就同样成为私下里秘密压榨所有阶级女性劳动的性别歧视倾向的一部分。

一个想要宣称已将所有群体间的身份义务观念抛在过去的平等社会，现在尤其需要审视历史，并通过对历史的审视，阐明情绪劳动动态跨越性别、阶级和种族界线的持续性和独特性。

· · ·

历史学教授斯蒂芬妮·琼斯-罗杰斯在其著作《他们是她的财产：美国南部白人女性奴隶主》（*They Were Her Property: White Women as Slave Owners in the American South*）一书中阐明，在奴隶制被废除之前，富有的白人女性往往无法直接继承土地，她们通过继承奴隶来获得父辈留下的财富。琼斯-罗杰斯发现，奴隶主中高达 40% 都是白人女性。[3] 而从田间挑出，带到白人家中工作的黑人女奴通常是乳母，她们被迫为了白人家庭的利益，进行形式亲密的身体和情绪劳动。

下面这个事实清晰展示了隶属不同群体的女人之间有多么残酷的差异：白人女性会找出最近分娩的黑人奴隶女性，强迫她们喂养白人的婴儿而抛弃自己的孩子。更糟的是，历史上有报道称，新近怀孕的白人妇女有时会安排人强奸黑人奴隶女性——这是受到批准的侵犯，以确保白人妇女和黑人妇女能在相似的时间生产。琼斯-罗杰斯引用当时的文本和证据写道，白人女性这样做的原因之一，是避免自己成为亲生子女的"奴隶"。

黑人奴隶女性面对的暴力翻倍了，这种暴力与被迫劳动紧密相关，让人难以应付。她们被迫进行的工作，为白人家庭创造了经济收益。她们怀孕、分娩、育儿，养育了下一代奴隶劳工。甚至有时，她们还要被迫照顾下一代奴隶主。

在美国，理解对情绪劳动的低估，就是理解经济体系中的一些基本原则，这个经济体系并不只依赖女人的无薪劳动，而且依赖那些被迫从非洲来到美国，先被契约束缚，又被奴役的人的无薪劳动。[4]性别与种族的交汇，以及我们怎样看待二者的交汇，暴露了情绪劳动中非常深刻的矛盾——我们将它看得如此重要，如此必要，但也如此乐于让它保持无形状态并进行压榨。

要理解为什么会有这种矛盾，理解为什么在奴隶制废除后，人们还能继续忍耐对情绪劳动的不合理的奴役心态，有一个方法是探究美国白人的大众想象中虚构的"嬷嬷"（mammy）形象。在包括书籍、电影、企业品牌、广告和戏剧的每种文化空间中，都使用过嬷嬷的隐喻形象。嬷嬷是持续时间最久的，强调美国黑人女性种族特点的漫画形象。人们将嬷嬷描绘成身材高大的黑皮肤无性形象。奴隶制时期，其在白人奴隶主家中工作，照顾家庭，并扮演白人孩子的保姆式角色。嬷嬷总是笑容满面，给人以安慰。人们将嬷嬷想象成完全自愿，热情奉献的形象，将其描绘为与其他黑人没有真实联系，在其服务的白人家庭以外也没有情感生活的形象。也许这类角色中最为人所熟知的虚构人物是 1936 年白人玛格丽特·米切尔出版的《乱世佳人》中真的叫"嬷嬷"的那个人。这本书从白人奴隶主的视角展开叙述，描述了一位黑人奴隶女性和她曾养育的年轻白人女性间的亲密关系。1939 年哈蒂·麦克丹尼尔在由这本书改编的电影中饰演了这个虚构的嬷嬷。

有趣的是，学者们发现，与通俗作品中的形象不同，只有最富有的奴隶主，才有钱让奴隶女性来家中工作，而且在邀请女性进入家中时，他们倾向于选择肤色浅的女人，而非肤色深的女人。[5] 换句话说，嬷嬷并没有史实依据，是白人后期再创造的虚构形象，不能代表真实情况。那么为什么会创造出这样的形象，又为什么这个形象如此流行？

奴隶解放后，在一直持续到 20 世纪 60 年代的种族隔离时期，人们用这种隐喻形象讲述虚构的故事，从而分散大众的注意力，以此将一种普遍的新型经济压榨形式合理化：从当时的第一人称报道来看，大量黑人女性进入了与奴隶制相似的家庭劳役状态。与奴隶制时期相比，白人社会普遍出现了剥削性的家庭动态，这种自愿奉献、给人安慰的嬷嬷故事能让白人不必产生负罪感，能起到保护美国白人的社会、政治和经济利益的目的。[6]

20 世纪上半叶，大多数中产阶级白人女性依照白人女性气质的观点行事，她们认为自己太过纤弱，太过矜贵，无法承担困难的家庭杂务，所以会雇用一位家仆。在南方，中产阶级和工人阶级白人女性雇用黑人家仆。白人女性之所以能展现她们精致的女性气质，只不过是因为有色人种和移民女性提供了低薪劳动，社会认为这些人"天生"特别适合提供服务。就像嬷嬷被描绘成愚蠢而不能自立的形象一样，种族歧视者和性别歧视者善意的辩解理由包括：黑人和墨西哥女人无法照顾自己，而亚洲女人天生文静、顺从，已经习惯了糟糕的生活条件。[7]

1912 年的一则报道[8]描述了佐治亚州一位受雇做"奶妈"（我们今天可以称之为保姆）的黑人家仆的悲惨生活。记者将她的状况发表在了《独立报》上。雇主要求她与自己住在一起，每天工作 14~16 小时，每周只允许回一次家，但她得到的薪水不足以支付她和三个孩子的基本开销。她的孩子们不得不自己打工——做家政劳动，以补贴家用，而他们四十几岁的母亲，要照顾别人家 11 个月大的婴儿，还要做雇主其他三个孩子的家庭教师和玩伴。

谈及自己认识的其他黑人女性时，她说，估计三分之二的人都在做家仆，而她与雇主过于亲密的劳动关系是一种普遍现象。"我们中每天有 100 万人被介绍到遍布整个南部的 100 万个私人房间中，我们怀里抱着 100 万个白人孩子，其中几千个白人在婴儿时是由我们的乳房哺育的，我就担任过十几个白人孩子的'乳母'。"

她被称作嬷嬷。她指出，用名字或描述工作内容的昵称（如厨师、奶妈、嬷嬷、玛丽卢）称呼黑人家政工作者非常常见，但绝少以姓氏称他们为尊敬的某先生/女士/小姐。

在证词的结尾，她想知道白人女性能否成为改善劳动条件的积极拥护者。在她看来，这非常合乎逻辑。"我们现在需要有效的帮助、有效的支持、更好的工资、更好的工时、更多保护，以及作为自由女性而活的机会。就算其他人不帮我们，南方白人女性也可能会帮助我们，毕竟帮助我们就是保护她们自己。因为我们养育她们的孩子——我们给他们喂饭，给他们洗澡，我们教他们说英语，我们陪他们入睡——因为这些孩子会受到与有色保姆接触的影响，如果不改善我们的生活，他们的道德品质必然在某种程度上也会受到影响。"

这一呼吁早该得到响应，但人们至今仍在回避。这是因为当劳动在紧闭的门后进行，当劳动与情感联系和情绪工作纠缠不清时，就更难识别；这是因为我们允许自己对所有女性，特别是有色人种女性所遭遇的针对非正式劳动的剥削麻木不仁；这是因为直面这个问题会迫使我们面对这样一个事实，即人人平等的观念与劳动剥削的现象并行不悖。

劳动剥削是通过微妙的去人性化形式实现的，哪怕双方关系密切，去人性化现象仍然存在。凯莉·卡特·杰克逊是一位历史学家，也是韦尔斯利学院非洲研究系教授。2014 年，她外祖母埃塞尔·菲利普斯以 95 岁高龄去世，她一直在思考亲密关系通过去人性化进行劳动剥削这一问题。杰克逊意识到，她对外祖母的生活细节缺少了解。这很大程度上是因为菲利普斯女士曾做过59年家仆。作为离开南部寻找工作的黑人女性，菲利普斯女士花了近60年在密歇根迪尔伯恩市，为名叫克拉克的中产阶级上层白人家庭中的三代白人工作。杰克逊反映，她外祖母和雇主在一起的时间比和她在一起的时间多。

外祖母过世时，这位历史学家恰好成为母亲，当她准备回去工作并开始找保姆照顾幼儿的时候，她开始对外祖母在克拉克家度过的时光感到好奇。外祖母与雇主的关系究竟如何？他们与她到底是什么关系？这种关系是怎样刻在更大的劳动、种族和性别体系中的？杰克逊采访了她自己的家人和克拉克家族的后人，并在一篇关于该主题的学术论文中介绍了她的一些发现。[9]

在接受杰克逊的采访时，克拉克一家非常亲切地谈起杰克逊的外祖母菲利普斯女士。戴安·克拉克说："她不是在为我们工作，她是我们家的一员。"菲利普斯女士最初来为她父母工作时还很年轻，而她自己也才两岁。菲利普斯女士暮年时，偶尔还会照看她的孩子。

虽然戴安·克拉克说菲利普斯女士是家人，但她搞不清菲利普斯女士姓什么，也不了解她在私人生活中曾与一个名叫克拉乌·基滕的男人有一段短暂的婚姻，而这个人虐待并抛弃了她。经历了这次事件后，菲利普斯又在一个更愉快的环境中，遇到了第二任丈夫爱德华·菲利普斯，这个人与她相处了半个世纪。她再婚并把姓氏改成了第二任丈夫的姓。这之后几十年，克拉克家始终没有意识到她的私人生活发生了变化，反而继续认为埃塞尔·菲利普斯的姓氏是基滕。当她丈夫来接她下班的时候，他们羞辱性地向爱德华·菲利普斯打招呼，叫他"基滕先生"，以这个对他妻子施暴的人的名字来称呼他，但没有人纠正他们。菲利普斯夫妇不想冒任何风险进行纠正，以防招致惩罚，比如失业或其他问题。

戴安的弟弟史蒂文·克拉克也非常深情地回忆了菲利普斯女士在他们家工作时的经历。史蒂文能够回想起她的日常工作，而且亲切地从自己的童年开始追溯了两个人的互动轨迹。童年时他偶尔会待在家里"帮"菲利普斯女士工作。他也回忆起了自己年轻时与她的互动，那时，为了让她能打扫自己的卧室，他必须在中午前起床。史蒂文接受采访时已经五十多岁了，家中还放着几张菲利普斯女士的照片。他把一张小尺寸的照片放在了卧室，又在洗衣柜里放了另一张。他向菲利普斯女士的外孙女杰克逊解释道，在他独自抚养十几岁的女儿时，看到菲利普斯女士伸手拿汰渍洗衣粉洗衣服的照片，这会让他想起她所具有的职业道德，并且这能鼓舞他，让他知道自己也能够完成家务。

史蒂文将菲利普斯女士的照片放在脏衣服附近，讲述了一个在他眼里亲切而鼓舞人心的故事，但杰克逊却有一整套不同的理解。她写道："他将菲利普斯的照片放在洗衣柜里，将对她的记忆贬低为另一个清洁产品。在他童年时期，他对她的印象是一个友善对待他的所谓的'清洁夫人'。或许菲利普斯与他母亲、阿姨和权叔的合影表示'菲利普斯是家人'，但这张放在柜子里的照片，可能更准确地总结了作为劳动者，她与他们有着怎样的关系。"杰克逊将这一行为与在商品品牌中使用黑人形象做比较，例如，杰迈玛大婶糖浆或本大叔大米。这种做法不仅物化了黑人，将他们贬低为可以买卖的东西，还促进了怀旧的种族主义刻板印象的传播。

历史学家杰克逊在接受我采访时说，她认为，克拉克一家如果读了她的学术论文，很可能会感到非常"震惊"。杰克逊坚决将他们所描述的与菲利普斯女士的亲密关系放在劳动背景下表达。她坦言："你不会把你爱的人的照片放在待洗衣物旁边。这不是你会对你爱的人的照片所做的事情。"

在写论文和与我交谈时，杰克逊都提到，她外祖母并不是出于对克拉克一家的爱才一直工作到 79 岁，她是因为攒不够钱来提前退休，才一直工作到 79 岁。他们给她的报酬不高，她没有资格退休，也无法获得救济。她工作的家庭可能真的喜爱菲利普斯女士，但这种感情只是假象，掩盖了她持续几十年不受保护的就业状态，而他们都对此负有责任。这种感情是真实的吗？还是他们用来减少自己对现实情况的罪恶感而妄想出的情感安慰？

戴安于 2015 年接受杰克逊采访时，惊讶地了解到菲利普斯女士的女儿——杰克逊的妈妈——是拥有博士学位的教授，而她的三个女儿，也就是菲利普斯女士的外孙女，也有博士学位。我们采访时，杰克逊的外甥也进入麻省理工学院攻读博士项目，即将成为菲利普斯家族第三代博士的代表——他们都是戴安所认识的那个女士的直系后代。

"这是怎么回事？"戴安·克拉克不敢相信地问杰克逊，暴露了她的偏见。这说明她认为，你所处的环境反映了你的能力，而不是塑造能力的特定历史和社会背景。事实上，菲利普斯女士的能力与她投入一生进行的、剥夺了她公平退休尊严的家务劳动无关。她在密西西比读八年级时，是致告别词的最优秀的毕业生，但却不能继续学业。杰克逊写道，那时"整个南部只有四所提供传统教育的公立高中可供非洲裔美国儿童入学"。当然，杰克逊指出，更好的问题是："如果种族歧视和性别歧视没有阻止她实现梦想，这个八年级致告别词的最优秀毕业生，会成为什么样子？"

杰克逊告诉我，克拉克一家仍然确信埃塞尔·菲利普斯觉得自己是他们家的一员，并对自己的处境感到感激。但杰克逊说，她的论文中缺少她已故外祖母的观点。虽然克拉克一家似乎确信情感联系是相互的，但她外祖母可能在表达情感上别无选择。这是这份工作的固有要求。这份工作虽然报酬不多，但她却不能失去。

杰克逊在自己的生活中也清楚地看到了这种妄想一样的观点，人们相信双方之间产生了爱，因此黑人女性会自然而然地为白人的利益而工作，因此他们有权接受情绪劳动。杰克逊告诉我，即使她获得了博士学位，拥有学术荣誉和著名大学的教授职位，但学生和她周围的人仍然对她有着与嬷嬷形象相关的期望。她说："人们觉得，就因为我举止柔和，就因为我是个黑人女性，他们就可以带着自己的问题来找我，他们就能从我这里得到安慰。"在职场中，周围人期待她进行的这种情绪劳动与她实际的职位要求无关，却最终占用了她做别的事的时间和精力。

她说，社会仍然期望黑人照顾白人，人们仍然觉得这是可以期待，可以毫无疑问接受的事情。她告诉我："美国一方面赞美黑人女性在劳动剥削下照顾白人和白人儿童，但另一方面，又将敢于拥有自己黑人孩子的黑人母亲妖魔化。"[10]

· · ·

回到 21 世纪，在使人联想到 19 世纪的咖啡店里，保姆安娜极力称赞着米娅，使用了诸如"令人惊叹""绝佳"这样的词来描述这个由她照顾的女孩。尽管她充满热情，但安娜也清楚，是她自己的家庭情况和外界社会的期望将她推进了这份工作当中。

她记得 19 岁那年，她坐在后来在那里取得了本科学位的纽约大学入门课教室里。当时，同为非洲裔拉丁学生的一位朋友靠过来，向她透露了一个改变人生的消息。她说，她找到了一份"非常酷的临时工作"，工作时间灵活，可以一边全日制上学，一边全职工作。这份工作就是保姆。安娜没花几天也找到了第一份工作：为一个白人单身母亲和她的新生儿工作。她有经验，即使此前从未得到过报酬。

安娜在纽约皇后区长大。那些年，她的波多黎各家人每周聚会，聚会时会播放萨尔萨舞曲，大街上播放着雷击顿音乐。她说，那时你很可能会在年幼的孩子中间找到她，并发现她在照顾孩子们。"我是年纪最大的堂姐，也是年长的同辈堂亲中唯一的女孩，虽然我的堂兄弟们很善良，但他们对与孩子互动不感兴趣。"

"说实话，从来没人明确地跟我说我要照顾他们。但我总觉得如果他们（年幼的堂弟堂妹）在房间里，就应该有人关注他们，而我必须承担这个工作。"

这种处境显然不会让她觉得自己有任何别的选择，但最终她越来越熟练。"我总觉得这是我擅长的事情。我一直很喜欢孩子，和他们出去玩是有益的。这是我的一部分。我不知道这是天生的，还是环境中的事件塑造的。"

我采访的其他保姆和看护者也有类似的故事。包括年轻女孩在内的女性家庭成员为大家庭提供帮助，于是这些女孩在成长中学会了怎样照顾孩子。宾夕法尼亚州的一位黑人女性从没做过正式保姆，但直到中年，都一直有人把孩子交给她，让她照顾。她毫不含糊地表示，擅长某事并不会减少工作量，也不会让工作更轻松。

今天，帮助他人抚养孩子的家政工作者中，有色人种女性仍占多数，且仍不成比例地以移民出身为主。[11]像护理和教学等职业一样，保姆完全符合女性作为养育者、照顾者的刻板印象，因此，不会打破性别刻板印象。而在保姆和其他涉及情绪劳动的家政工作形式中，种族刻板印象与性别刻板印象产生了复合作用，并将低薪、缺少劳动权利的情况合理化。如"这些女人不是工人""她们只是天性如此"等言论或想法仍然存在。

与教师和护士不同，作为家政工作者，保姆要在私人环境中完成工作任务，而且很少能得到正式的劳动保障。包括住家保姆和住宅清洁工在内，家政工作者在很大程度上是不受监管的劳动力。工资拖欠、类似契约奴的剥削、性骚扰、工作环境普遍有害等情况猖獗且几乎不受干预。

美国的家政工作者享受不到其他领域工作者的劳动权利。1935年，历史性的《国家劳工关系法案》获得通过，极具开创性和变革性的立法保护了美国大多数劳动人口的劳动权利，但有两个人口众多的群体被排除在法案之外：农场工人和家政工作者，这是黑人工作者最集中的两个群体。此时奴隶制刚刚废除70年，否认黑人工作者有与其他工人相同的劳动权利，这在很大程度上安抚了南方的白人立法者。这种决策也有利于南方以外的很多白人和中产阶级家庭的经济利益，并给很多黑人家庭增加了需要世代背负的经济负担。

国会解释说，工会组织和集体谈判不适合户主与家庭雇员间的亲密关系，以此将排除这两个群体的法条正当化。加之家政工作属于性别歧视和种族歧视者刻板印象中女人的工作，家政工作人员被国会排除在处理劳资纠纷的立法之外。[12]虽然"人人有为维护其利益而组织和参加工会的权利"是1948年《世界人权宣言》宣称下一个十年应当做到的基本人权[13]，但这种排除基本劳工的法条适用至今。[14]2018年，白人女性的平均收入是白人男性的81.5%，黑人女性却只有65%，西班牙裔女性只有61%。[15]要理解这种工资差距，不只要关注发生在不同种族男女共同工作的领域中有哪些非常明确的歧视，而且要关注不同群体女人进入的领域有何差别，以及这些领域的薪酬待遇和劳动条件如何。

. . .

在许多方面，安娜完全不能算是遭受了剥削，当然这是从纽约或美国保姆的标准来看。她现在的雇主聘用她，主要是因为她有保姆经验和大学学位。由此，她可以获得每周1000美元，每年52000美元的工资，还有额外福利，这与她最初每小时12美元的收入天差地别，已位于家政工作者薪酬等级的顶端。据估计，23%的家政工作者的薪资低于最低工资[16]，这显然违法。就种族间关系而言，安娜也并不完美符合这个框架。与她布鲁克林圈子里的其他保姆不同，安娜和她照顾的孩子都是黑人。"我所见到的，不属于有色人种保姆照顾白人孩子的情况，一只手就数得过来。米娅和我是个例外。"

"非洲裔拉丁种族是我人格的重要组成部分。我们长得真是太好了。对她（米娅）来说，成为有色人种女性是她可以引以为豪的事情。"她说。但即使是和一个看起来像她的孩子在一起，她还是可以在日常活动中清楚感受到人种和民族的刻板印象。安娜正准备申请研究生。她说，只要不在学校，她在活动中心和游戏场地碰到的父母和其他人，从不因她是保姆而感到惊讶，却常常在听到她的学术成就和学术目标时大吃一惊。"我一直觉得这件事很有趣。我看起来应该是还在学校读书的年龄。我原以为可能只有我遇到过这种情况，但我和其他也在上学的保姆谈过，他们也这么说。"

这尤其具有讽刺意味，因为受过大学教育是她获得当前工作的前提条件。她的雇主想要确保安娜能完成他们觉得需要高等教育的情绪和智力劳动任务。"他们明确表示，自己在找的是能完成情绪工作的人，能补充她在学校学到的知识，能在她需要协助的时候提供帮助，能为她提供情绪支持的人。"

"很多父母在工作要求上写他们更想要受过高等教育的人。所以，考虑到这本来就是对保姆的要求，看到父母因某人在上学或上过学而始料不及时我真的很惊讶。"

安娜在历史背景下解释她反复遇到的大家感到困惑的情况："在美国，这很好理解，这是因为我们学过历史：对有色人种女性来说，这是我们干了几个世纪的工作。从我所见到的来看，这可能是对我们而言最容易获得的职位。"

抛开她所见到的刻板印象表象——白人父母更愿意把她当作家政助理而非大学毕业生——这些反应表明了什么？为什么雇主和父母在听说一位保姆拥有纽约大学这样的世界级教育机构学位时如此惊讶？

这可能是因为他们没有把保姆看作完整的、有头脑和雄心的人类，没有意识到她在工作的家庭以外，仍然存在。也可能是因为，他们心底并不相信对有大学学位的人来说，保姆是一份值得考虑的工作——即使他们的招聘条件可能会要求保姆有学位，但他们还是看不起他们在招的职位。或者也可能是因为，得知安娜去了他们希望自己孩子有朝一日会去的学校，不可避免地将保姆放入了与雇主家庭相同的社会类别。而这种原本既紧密相连又严格分开的世界，碰撞得越发激烈。两个世界的界线变得越发模糊，使僵化的"工人总是服务，雇主总是接受服务"的权力动态失效，并且威胁到了一部分人。这部分人的身份与其不公正的优势地位和压迫密切相关，远超他们愿意承认的程度。突然面对针对他们优势地位的合理假设——有色人种服务白人，女人服务男人——可能会让他们质疑自己生活在怎样的世界中，怀疑自己的人性，怀疑自己是否还是善良的好人——哪怕没有人明确提出这个假设，也没有人要求什么。

安娜则并未遭受严重打击。她并不为自己的人性和成就而惊讶，也不为同行的成就而惊讶。就像在她之前的其他女人一样，她也有能力规划自己在多个领域的生活。这是理所当然的。对她来说，是否有机会不是问题，机会是否能带来更多成就才是问题。就安娜而言，她接受自己从小生活的环境，这让她觉得自己已培养出了强大的技能。她正在申请的博士项目是儿童教育与教学领域的，她对申请很有信心。她已经通过保姆工作证明，自己可以做到很多事情，而这些事情可以转化为其他领域的才能。

"与孩子一起工作必然需要无限的耐心，对孩子失去耐心很不公平。他们在学习，在成长，在试探界限，在理解事物。我最初是个非常被动的人，我非常松弛，但我感觉，随着时间的推移，我逐渐培养出了与孩子一起工作的技巧和能力，我几乎不会发脾气。"

针对照看孩子的工作，她补充了一个大多数母亲都曾在采访中谈到过的情绪劳动形式——让头脑中无尽的标签保持开放，同时为周围的人提供情绪陪伴。"我认为，随着时间的推移，我越来越擅长处理多重任务。和孩子一起工作时，你必须同时处理很多事。可能出了 1800 万件事，但孩子在试图和你说话时，你想要让孩子感觉自己得到了倾听，所以你就要一边和孩子对话，一边做 100 万件事。我认为这很有用。"

· · ·

离开咖啡馆时，我在想，这份工作是社会推动安娜去做的，而她将其转化为了自己的专长，这到底是不是好事——这是否在某些方面是我们工作的目标——或者我们是否还要走很长的路，才能破坏将她推向这份工作的力量。

我们首先可以做的，是正式保障她的工人权益，甚至可能将她的工资翻倍。给照料者提供六位数薪水也会迫使人们更好地讨论育儿价值和无形、必要的家庭支持工作的价值——这些工作包括养育下一代公民。美国近期才开始以诸如儿童税收抵免这样的方式为父母提供官方政策支持，但仍没有任何正式的带薪育儿假和全民托儿服务。由于公立学校只接收五岁以上的儿童，父母在育儿早期要背负沉重的负担。特别是孩子的母亲，通常要为群体利益做出巨大牺牲。

并且，虽然安娜52000美元的年薪毫无疑问比许多保姆的薪水要高，但对有六年相关工作经验，居住在世界上最昂贵的城市之一——纽约的优秀大学毕业生而言，这是合适的薪水吗？由于安娜同事的薪水和福利都很糟糕，她获得的酬劳比她应得的要少，而这还不是这份工作背后唯一的隐形经济惩罚。她的雇主要求她住到他们布鲁克林的时尚社区附近，而她和男友此前住惯的皇后区，房租要比现在的公寓便宜得多。搬家意味着让她一接到通知就能来照顾米娅，延长她本就模糊的工时，让她的雇主只要想找她，就能随时找到她。

我想知道1912年那位保姆向白人女性发出的呼吁能否得到回应，今天我也把这份呼吁发给所有享受特权的女性，呼吁她们意识到这也是她们自己的战斗。我们在要求什么？是否需要为照护工作中的爱和专业的情绪劳动定价？不将照顾儿童、家庭工作和爱的负担推卸给别人的社会（或经济体）会是什么样子？

同时，我也本能地想到，爱是否对我们看待现实的方式产生了影响？爱掩盖了什么制度问题？爱的表象又在为什么辩护？我们已形成了有自己特色的民主，我们的民主浸泡在种族剥削和性别剥削的资本主义当中。**显然，如果不真正重视爱与照护的工作，不认识到其在维系社会中重要且核心的作用，我们就无从构想一个反种族歧视、反性别歧视的社会。**就目前而言，我们的世界隐藏并忽视了最必要的工作，让这些工作成了难以处理的负担。

采访即将结束时，安娜和我讲了更多与她男友有关的事。她说她男友是个很棒的伴侣。他们 13 岁就认识了。他是可以在她真实的、有感情的世界拥抱她的人，而不只是她经济世界中需要得到拥抱的人。但当讨论到未来成家的话题时，安娜很坚决，生孩子完全不在考虑范畴。"我非常清楚这意味着多少工作，我不确定自己是否想承担。"

第四章

社会规训：
好女孩要为
他人而活

羞辱

乔安是加利福尼亚的一位景区乐园经理。每当有年轻女性入职游泳教练时，乔安就得让她们坐下来，进行一场男性新人无须参加的特别谈话。新教练的入职程序可能包括讨论安全协议、孩子的年龄，以及进度报告等内容。但乔安与年轻女性进行的特别谈话是关于讲话用词的。乔安说，为了纠正泳姿，无论是男教练还是女教练，都会用同一种方式对孩子喊"踢腿！踢腿！踢腿！"，但密切监视着的父母给出的反应则完全不同。

"女教练如果想隔着整个泳池甲板大喊'踢腿'，就要让句尾语调上升，否则就常被视为刻薄，而她们的男同事想怎么喊就怎么喊。"乔安解释道。乔安说女性要在句子末尾加上上升语调使其听上去像一个问题，她还建议她们多使用积极、鼓励的句子，比如"你做到了"。男性则不需要做这些事。

乔安说，她已艰难懂得，如果女教练在指导腿部动作时没有温柔地调整语调，没有把喊话变成提问，喊成"踢腿？踢腿？踢腿？"，那么几天后父母就会过来投诉。

乔安不需要一本社会学教科书来教她什么是"反刻板印象后坐力"——这是前面章节中提到的，一种针对拒绝遵从善良、甜美、端庄形象的女性的惩罚。她可以在每个夏天、每一批新入职的游泳教练身上看到这种效应。她坦言："这是人们能接受女性声音的唯一方式。"

为了取悦其他人，或是为了避免遭遇严重后果——如父母生气这样的社会惩罚，如失去工作这样的经济惩罚，或如暴力这样的身体惩罚——你调整并改变真实的自我，以符合人们对你女性身份的期望，这就是情绪劳动。**这不只是单纯的情绪劳动，这是如果不做就会得到警告或更多惩罚威胁的情绪劳动。**

在公共场所，有人关注的时候，社会将情绪劳动强加于弱势群体，起到使其行为幼儿化、无效化的作用。情绪劳动作为顺从、不对抗状态的主动表达，还让这种权力现状显得不可避免，使进行情绪劳动的人无法改变自己的地位。

调查这一过程得到了多彻底、多积极的实施，有助于揭露是什么让不平等得以长期存在。事实上，能被察觉、被表达的情绪与文化背景有很大的关联，二者的交融程度远比大多数人意识到的更深。

过去十年间，神经科学领域已不再认为人生来就有情绪，情绪有跨文化一致性了——不再认为情绪从出生起就印在大脑上，而是开始将情绪视为大脑创造的产物，认为我们通过五感，持续、主动地同化周围的世界，而情绪会受此影响，并且与基于经验的预测相结合。[1]

如果情绪不会像打喷嚏或膝跳反射那样突然出现，而是要经由我们的大脑构建，且大脑本身又反映了它从更大环境中收集的信息，那么情绪劳动描述的就不只是情绪产生的过程，还包括情绪管理的过程。我们的大脑管理情绪产物，它关注环境，明白得体与否的细微差别，也能理解沉重的期待。它知道习俗规定我们应该有何感受：聚会时开心，守灵时悲伤。即使有时候，我们内心的情绪与所处的场景并不匹配，但我们知道表现情绪的社会文化规范，这些规范引导我们在守灵时表现得心情低落，以示尊敬，哪怕我们其实并不觉得悲痛。[2]

如果你评估环境，调节自己的情绪表达，甚至真实情绪，以便能适应环境或与环境互动，那么你就在进行情绪劳动。在社会学上，调整你的内在感受以匹配环境被称为深层扮演，调整情绪表达则是表层扮演。两者都是情绪劳动。[3]

结合具体场景与文化习俗，即便是社会环境完全相同，不同的人面对的情绪规范也可以完全不同。[4]例如，期待女人遵守的情绪规范通常与对男人的要求有很大差异。正因如此，乔安不得不建议年轻女教练在喊出基本游泳指令时，要模仿《热情似火》中的玛丽莲·梦露，而年轻男教练则不需要费这个心。

虽然社会期待男性自童年起，就只能感受到有限的情绪，但在公共场合他们反而获得了更大的自由表达空间。女性则被当作情绪温度调节装置。不管她们喜欢与否，都必须始终管理好自己的情绪，而且还要对他人的感受负责。街头的陌生人通过骚扰来提醒女性她们要"微笑"。人们指责进行商业活动的女人长着"呆板的婊子脸"，提醒她们要始终为这个世界表现得热情洋溢。如果男人不笑，不会有人指责他们长着"呆板的婊子脸"。就算真有人注意到他们的表情，可能也只会觉得他们忙碌且重要。

就公众事件而言，这种情绪规范的双重标准在2018年9月美国联邦最高法院大法官布雷特·卡瓦诺的公开听证会上体现得最为明显。听证会邀请了其所涉性侵案的原告克里斯汀·布拉西·福特博士。据估计，全美有2000万人观看了这场听证会。

2018年9月27日早上，福特博士虽受到情绪影响，但未被情绪控制。她指控卡瓦诺法官及其友人在青少年时对她进行过性侵，并从容、清晰地给出了证词。她没有提高过嗓门，她与参议院司法委员会的每个互动细节都礼貌、恭敬且温和，从要可乐（"我想，读完开场陈述后我大概会需要一些咖啡因，如果有的话"）到提问者要求休息时，她将他们的需求置于自己之上（"这对你来说行吗？这对你也行吗？"），讲述那段令人心碎的证词时，她总是目光低垂。

下午，愤怒的卡瓦诺吼叫着给出了针锋相对的证词。他偶尔哭泣，不断提高嗓门。面对质疑时，卡瓦诺逃避问题，表现得很难相处，而且粗鲁无礼，他打断别人，有时还威胁对方。卡瓦诺的目光始终坚定，眼睛直视前方。

当参议员埃米·克洛布彻询问他是否曾因醉酒忘记前一晚发生的事情或前一晚发生的部分事情时，他挑衅地回答："你是说断片儿？我不知道，你有过这种经历吗？"在克洛布彻坚持让他回答自己的问题后，他的回答打断了她的问题，而且极为傲慢："有啊！我很好奇你有没有过？"

卡瓦诺不但完全不恭敬，而且张扬且失礼地贬低参议员。事实上，卡瓦诺拒绝了很多问题，而福特没有回避任何问题。[5]

这两段证言的对比可以成为一个绝好的例子，例子中两名社会成员虽然拥有相同的背景，却通常要遵守完全相反的情绪规范。福特和卡瓦诺出身于相似的阶级：白人，私立教育，有权势的社会经济地位，并且通过达到在心理或法律专业的最高水平，在一定程度上维持了这种地位。他们截然不同、对比明显的情绪表达可以归结为一个关键差异：性别。

福特是帕洛阿尔托大学受人尊敬的心理学教授，也是斯坦福大学的研究人员，但如果她的行为表现像卡瓦诺一样，就绝不可能继续受人信任。[6]她所做、所表达的一切都象征着女人在公共场所得到的期待和允许。不仅要讨人喜欢，还要顺从，还要永远把别人的需求置于自己之上。**情绪劳动，从情绪表现的文化规范中取得线索，成为女人被迫在等级制度下展示自己地位的方式：优先服务其他人。**这是女性仅有的空间。她性别化的表演非常完美，但福特的证词最终还是被忽视了，即使她争取权益和做证的勇气无疑推进了对社会文化的讨论。[7]

想要进入公共场所，就必须表现得完全不会反抗——要表现得亲切、顺从、谦恭——这样做的女人可能不会惨遭驱逐或者名誉扫地，但这样做也在最大程度上减少了对现有权力结构的挑战，而这无疑是重点。[8]

卡瓦诺的提名得到确认后过了不到四年，美国人又观看了凯坦吉·布朗·杰克逊大法官的参议院确认听证会。她是第一位被提名为美国联邦最高法院大法官的黑人女性。这场听证会不仅展现了性别双重标准，还叠加了种族双重标准。杰克逊经常要面对男性委员会成员的嘲讽和攻击性问题，她的表情提醒我们，尽管这是一个历史性的时刻，但令人沮丧的是，无论黑人女性既往的成就多么完美或令人钦佩，她们仍需面对长期存在的公开侮辱。[9]此刻大法官表现得镇定且具有忍耐力，这些天她一直情绪平稳，这非常值得赞美，但很难不认为这一时刻是在肆无忌惮地公开展示种族歧视、性别歧视性质的凌辱。处在她这个位置上的女人并没有太多选择。

对于有色人种女性和少数群体来说，优先处理更占社会主导地位者的感受——无论是白人，还是男性，或两者兼之——是开始占用任何公共空间的先决条件。但为在白人男性至上的社会中生活而采取的适应性行为，可以很快发展到为生存牺牲部分自我的程度。

丹妮尔向我讲述了她作为生活在白人空间的黑人孩子学习"语言切换"的经历。她制定了"用善意杀死他们"的策略。当学校里的一位白人女孩开始叫她"丹妮"时，她没有拒绝，尽管她讨厌这个昵称，而且感觉这剥夺了她用自己的措辞定义自己的机会。"我记得那是我第一次为了得到接受而接受我讨厌的东西。我当时觉得'很好。为了在这个空间活下去，为了在白人环境中得到接受，我必须接受这个昵称'。"她回忆道。

她在一所白人居多的顶尖机构担任公共卫生教授，她将这种情绪劳动的观念——"善良和爱在某种程度上削弱了差异的壁垒"——贯穿于自己的工作。你瞧，她很早就决定不仅要在智力层面教导学生，而且还要在情感层面与学生建立联系。作为出柜的同性恋黑人女性，也是身处稳定同性恋关系中的职场母亲，她发现可以用自己的经历帮助学生充分理解所讨论问题的严肃性和复杂性。听着她的经历，听着他们教授的经历，学生无法视而不见，他们必须面对自己所不熟悉的真相，他们必须感同身受。"我不只通过课本教学，还谈论我的生活。我出于自己的意志，使用我的身体、我的身份、我自己，将它们作为教具。但需要做的情绪劳动和工作也增加了。"

这种为了他人利益，为了让他人得到文化发展、建立同理心、得到进步而进行的情绪劳动，虽然很有必要，但已开始成为对抗她的武器——就好像进行这种情绪劳动的行为给了学生许可，让他们可以把她当作工具，用来让自己感觉更好。

丹妮尔发现，她试图培养同情心的这批学生，正在越来越多地推移，甚至经常是侵犯她自愿进行情绪劳动的界线。她分享了一个故事。她有一门课要讲解种族歧视对健康的负面影响，近期一位年轻的白人男学生常在这门课后找她。她坐在他身边，以为他会问些关于课程材料的问题，但他没有。相反，他讲述了自己曾参与的一起种族歧视事件，而他现在对参与这件事感到很内疚。她很快就明白了，他没有学术方面的问题要问她。相反，他想在什么都不做的情况下让自己感觉好一点，而他认为老师可以——或者应该——让他感觉更好些。他想要告解。

她告诉我，最糟的是，这不是她第一次遇到这样的情况：不仅被迫见证他人重述暴力，还要承担暴力的负担，甚至要反过来执行某种额外的情绪劳动仪式，挥舞想象中的魔杖，让这个人的良知重获清白。这种情绪劳动损害了她完整的人格：这些人把她看作"嬷嬷＋灯神＋耶稣基督"的结合体，认为这是她的工作，他们自己没有承担责任，弥补错误行为，而是要求她满足自己的需求。这是一种带有侮辱性的奇怪机制，这种机制将她贬低为一种物品，让其他人可以用她来验证自己的情绪。

通常，将女人当作感受载体的这种物化活动，往往要求她们提供情绪和身体的双重表演。对周围人的整个情绪体验负责，意味着女人常常被迫以一种非常狭隘的方式提供陪伴——这是女人外显的情绪表达的一部分。

对乐园经理乔安来说就是这样，她不得不向年轻的女性新人介绍的情绪劳动也延伸到身体外貌上："我告诉她们，我知道男人会穿工装短裤或者他们可以穿随便什么东西，但人们会期待你穿得更好些。"

这公平吗？不公平。和她们说这个有用吗？对乔安来说，有用。"这都是女性经历的一部分。"她告诉我。

即使在政治等领域中，宜人的行为与外表似乎并不是最重要的事情，但当人们看到女人时，首先关注的重点仍然是自己感受如何，而且这个因素能起到一票否决的作用。2016年总统大选前夕，总统候选人希拉里·克林顿因笑得不够、不够讨人喜欢、外貌令人厌烦而持续受到攻击。在葫芦网（Hulu）2020年出品的名叫《希拉里》的纪录片中，克林顿解释道，与她的男性政敌不同，她感觉自己别无选择，只能每天花一个小时准备妆发。在竞选总统的600多天里，她光是损失在妆发上的时间加起来就有25天。[10]

你只是希望自己头脑中的想法能得到倾听，却要花整整25天化妆、做头发。这听起来像恐怖片的情节：就像乔丹·皮尔2017年的电影《逃出绝命镇》的女权主义版本，你陷入了一场无法摆脱的噩梦。

女人被迫进行这些性别化的工作，被迫在各种随时可能失败的陷阱之间寻求平衡，这是女人进入公共生活的入场费，而这一费用男人无须支付。这给女性带来了真切的障碍。在希拉里的例子中，这种障碍浪费了她几近一整个月的时间。

但障碍不只是简单地榨干时间和精力。在过去的几十年间，女性进入公众视野的机会大幅增加——此前进入公共生活的形式壁垒已得到移除——因此，观众强加于她们的反馈总量也大幅提高，反馈水平也有所变化。无论观众是游泳课的父母、社交媒体上的熟人朋友，还是政治辩论的电视观众，都是如此。这些观众认为自己有权获得女性的情绪劳动，这种观点创造了一个反馈循环，该循环将任何能看到女性的时刻都变成了管教的机会。女人踮着脚一路走来时，人们观看她，评论她，等待她摔倒或磕绊，这已成为一种常见的社会现象，其中的羞辱既是手段，也是目的。因为女人被迫做出的表演——从调高或调低吸引力，到让声音更甜美和露齿而笑——很容易被视为浅薄、淫荡或愚蠢，所以想要居高临下地嘲笑或指责她们实在太容易了。[11] 这种现状并没有随着女性在法律上的进步而减少，反而增加了。[12] 今天，女性比以往受到更多审视，也比以往更容易受到羞辱。

年青一代的女人，非常熟悉惩罚的双重标准，她们曾看到自己的母亲应对这种双重标准，她们勇敢而直接地对抗僵化的性别规范，寻求以自己的方式定义自己。她们需要做出选择：是该冒着在敌对世界中航行的风险完全拒绝限制性规范；还是拥抱它们，内化这些习俗；抑或在两者之间开辟自己的道路？对她们来说，无意识审查意味着面向公众的情绪劳动——即使在拒绝规范的情况下——无论如何都是要主动权衡的事情。

有人认为，在公共场合展现的情绪劳动和女性气质的美感，本身就是一种高级的艺术形式。这些人坚称不需要分割女性化表现与权力。这是公众喜欢的那种演出：由愿意参与游戏的女人表演。她可能会因此受到称赞、暂时得到奖赏和更多空间，但她通常也会受制于比他人更多的嘲弄和尖酸刻薄的话。在这种情况下，人们会认为最初选择打破现状的女人理应面对社会规训。

全安琪涉足了这一领域：她进入公共场所，展现女性气质，以此作为肯定自己、赋予自己力量的方式。2016 年，全安琪当选密歇根小姐，成为有史以来第一位赢得该头衔的亚裔美国人。打破障碍是她参与选美的动力之一。作为成长在密歇根城郊白人居多的社区的华裔美国女性，全安琪总觉得自己身处边缘地带：感觉自己不能适应生活、不够漂亮。参加选美比赛可能赢得奖学金，她可以用这笔钱支付大学学费，而且她也希望能感受到自己的美，并接受自己的美。这两个因素让她决定参加比赛。

为赢得州冠军，用短短几年时间从小型地方的比赛进军到美国小姐，她集中精力完善自我，培养了一系列理想特质。她努力提升自己已经令人惊叹的钢琴技能；多年来坚持每天在健身房里、按摩台上花费数小时，锻炼出苗条的体形；练习用最有说服力、最易于理解的方式回答问题，以呈现自己敏锐的思维。

除了这些技能，她还额外进行了情绪劳动，让自己的所有行为显得礼貌且镇定。她知道，这是理想女性应呈现的核心特质。对她来说这很合理，即使在密歇根小姐决赛前的几个月里，"有礼貌"的概念开始逐步扩大。评委会成员反复对有望获胜的选手描述过去的获奖者"忘恩负义""态度可怕""缺少礼貌"。对于一心求胜的全安琪来说，负面反馈意见传递了很明确的信息：要进行额外的情绪劳动才能获胜，这些情绪劳动与"服从"的关系尤其密切。她预先就向导师发誓会听话。她记得自己热情洋溢地告诉他们："噢，如果我赢了，我一定态度良好。我会心存感激。我一定把工作做好。"回想起来，很难不认为这其实是一种恐怖的准备仪式，为的是让她接受日后的艰难困苦。

她胜利后遇到的第一种后坐力很是奇怪，好像纯粹是运气不好，不过这残忍的后坐力是可以预料的。

2016 年，她赢得了州冠军。几周后，她获胜的消息传到了她出生的中国，并激起了舆论。她的照片遍布新闻网站，而原因与你预测的正好相反。"这在中国引起了轰动，因为第一位代表密歇根州参加美国小姐角逐的亚裔美国女人很丑。"她解释，"我不符合他们的审美标准。"

这个故事在网上疯传。她祖父母还住在中国，记者找到了他们的住址，并在他们家外面扎营。回到美国，媒体追逐她，打电话给她的学校、同事和朋友，而且她收到了死亡威胁。远在中国之外，全安琪的故事得到了 CNN（美国有线电视新闻网）、《每日邮报》甚至《人物》杂志的报道，读者热切地在媒体评论区展开讨论：美丽还是丑陋？"我实在无法摆脱它。"她谈到当时的情况时说。

在此期间，在她的家乡，她的顾问兼密歇根选美负责人质疑了她的美国公民身份。她代表自己家乡所在的州得到加冕，但她亚裔的身体外貌仍让她受到他人一时兴起的怀疑。"这是个奇怪的悖论。他们（中国人）不接受我，然后这里的选美社群也不接受我，就因为我不是白人。多诡异。"

全安琪故事中的这一部分，不只反映了固化当地种族和阶级的理想美具有主观性与文化特异性[13]，而且证明了社会会鼓励女人进入展示自己的情境，而这种展示又使她们成为可公开羞辱的目标。这整个机制表明：我们责怪女人，将女人物化，只是因为我们渴望消费她们的表演。

有人会觉得，女人的选美经历似乎是件老派的事情，但它远没有过时，它与现代生活的巨变息息相关。你在观众面前登台，观众则准备好评价你的情绪表现、外貌和智慧的呈现方式，而不是评价你的智慧。对现在的大多数女人，特别是职业人士而言，这已经成为线上、线下生活中的常态。甚至也会影响到那些避免成为公众关注焦点的人，像全安琪这样的故事只能进一步阻止她们打破现状，寻求更高的地位。

· · ·

可能很难理解要求女人好看、甜美、善于安慰，优先关注其他人会是一种让女人感到沮丧的破坏性力量。毕竟，时刻微笑，照顾他人，让别人感觉良好能有什么错呢？难道世界不需要多些友好吗？难道欣赏漂亮的东西、漂亮的人不是人之常情吗？

20 世纪 90 年代末，社会心理学家彼得·格里克和苏珊·菲斯克 [14] 提供了一个很好的答案。他们区分了两种形式的性别歧视——敌意的和善意的——一个用仇恨的权杖威胁女性屈服，一个用崇拜的胡萝卜引诱女性屈服。

敌意的性别歧视是我们比较熟悉的。这种性别歧视是公开的，与偏见、负面刻板印象和差别待遇紧密相关，包括指责女性好指使人、妇人之仁、愚蠢，说女人当不好领导者，称不符合传统性别标准的女人为婊子和妓女，指责女人不道德、靠不住。敌意的性别歧视并没有被边缘化，反而就在我们身边，而且为人们所接受。

克里斯·布朗 2014 年的歌是个很好的例子，可以证明该种性别歧视的广泛性。这首歌误导性地叫作《忠诚》，其中副歌部分用"婊子"描述女人："这些婊子不忠诚！"共计 11 次。这首歌非常朗朗上口，其视频在 YouTube 上的播放量已超 10 亿。[15]

善意的性别歧视不太为人所知，往往是针对女性的赞扬、幼儿化、哄骗等言语或行为，这些言语或行为强调了性别刻板印象中女性的角色和特质，促使女性接受弱势地位。这种性别歧视更加隐蔽。包括将女人描述为需要英勇保护的，纯洁、体贴、道德高尚的存在。这包括叫成年女性"宝贝"或"女孩"。她们是无私的母亲、天真的女儿，值得尊敬和珍爱——这种方式最初似乎是在宠爱女性，而非限制女性。善意的性别歧视认可和接受行为正确的女人，让她们获得短暂的满足，但只要有一步行差踏错，认可就会变成制裁。

流行文化中有一个完美的善意的性别歧视的例子，就是 1965 年披头士乐队的歌《逃命吧》（Run for Your Life）。这首歌为性别威胁裹上了糖衣。歌中男性叙述者 16 次称呼他的女性伴侣为"小女孩"，同时，他告诉她，如果她离开或欺骗自己，他就会杀了她。这段寓意不祥的副歌旋律轻快得反常："如果可能，你最好逃命，小女孩 / 把头藏在沙子里，小女孩 / 抓住你和另一个男人 / 这就是结局……小女孩。"[16] 是的，没错：据说这首歌，基本上是由传奇的约翰·列侬创作的（尽管保罗·麦卡特尼也署了名），这是一首自豪的杀女颂歌。

尽管上述两首歌曲使用了完全不同的词语描述女性——"婊子"和"小女孩"——但值得注意的是，两者描述的都是相同的恐惧，害怕女性会行使自主权，离开与她们在一起的男人。出乎意料的是，敌意的性别歧视可能还对女性更友善些。其主要是嘲笑一文不名的男人，警告他们可能会失去自己的女人，输给更有前途的男性候选人。为了将自己不切实际的自私要求合理化，男人将女人当作替罪羊，称她们为婊子。体现了善意的性别歧视的那首才是真正更加残暴的歌。这首歌没有影响到披头士乐队的名誉。这是我们所生活的文化环境的污点，也是对仇恨女性——厌女——的全面认同与接受。我想不出还有哪类人——除了女人——能接受这种事：有支乐队唱了明确威胁要杀死她们的歌，而人们完全没有受到影响，仍旧铭记这支乐队。

究其根本，这两种明显对立的性别歧视都基于荒谬的本质主义信念，都会控制女性，限制她们的行为、情绪和生活选择。但善意的性别歧视会给女性一些选择——一点胡萝卜作为激励。她们可以成为乖乖女，接受她们的次等地位，保持微笑，表现出所有甜美、端庄、顺从的特质，这可能会让她们免遭男人和社会的伤害。她们可以做情绪劳动。她们可以接受这种对言论自由、表达自由的限制。或者她们可以拒绝，然后成为坏女孩并遭到放逐。当然，这是个错误选项。但好女孩离被贴上"坏女孩"标签只有一步之遥。

女权主义者安德丽娅·德沃金在她 1987 年的《性交》(*Intercourse*)[17] 一书中指出，女人面对着不可能的选择，被迫选择处女或妓女这两种被极大简化的类别。处女，或乖乖女，被视为完整的人类，但缺少权力；而性对象能得到更多权力，但不再具有完整人性——社会再也不会将她们视作完整的人类了。这本书颇有启发性，且放在当代仍很惊人。"受损品"不只是虚构的 20 世纪 20 年代英格兰唐顿庄园里的表达方式，至今仍有人用这个词描述因性行为导致潜在市场价值下降的女性。这很令人费解。

这种沉迷区分好女孩和坏女孩的观念延伸到了所有群体中。我早就沮丧地注意到，以这种方式憎恨女性，属于最后一些社会完全能接受的性别歧视。进步的圈子无疑仍深陷厌女的泥潭，他们似乎想出了自己的处女–妓女组合方案：好女孩使用头脑赚取金钱和影响力，而坏女孩使用身体，特别是性别化地使用身体，赚取金钱和影响力。

我有段时间留过圆寸发型，那时偶尔会有男人将我与作家、女企业家兼"洛杉矶荡妇游行"（LA SlutWalks）组织者艾波·罗斯相比较。她当时参演了MV，与说唱歌手坎耶·韦斯特约会。她毫不避讳地展示性，而且开始以模特身份崭露头角。几个男人好心告诉我："不过不用担心。我们不认为你和她是同一种女人。"另一个人评价说，做这种比较对我来说一定很糟糕，尤其我还是已婚的女权主义者。

这一点也不糟。我把这当成极大的赞美：她无法无天而且超级性感。这些人大概是想说，我使用我的大脑赚取收入，而不是使用我的身体和大脑，这使我在某种积极意义上与艾波·罗斯有所不同。其实并没有不同，现在也没有不同。[18]

几年后，我震惊地听说，有位男性记者同事认为啦啦队劳资纠纷不值得担心，也不值得关注。报告显示，如果你把在职业橄榄球大联盟（NFL）比赛中取悦观众的专业啦啦队队员用在训练、准备和表演的时长加起来，就会发现她们的酬劳通常达不到最低工资标准，而 NFL 的球员往往签了价值数百万美元的合同。[19]

这位支持工会、支持工人权益的同事告诉我："如果不喜欢，她们可以离开，找一份真正的工作。"这让我非常震惊。即使女人从事国家等级的正式工作，她们也会被告知她们女性化的工作不是真正的工作。以 NFL 啦啦队队员为例，这份工作需要极高的运动能力和技巧，需要大量训练和审美劳动，更不用说还要付出大量的情绪劳动。即便如此，她们也会被告知：离开，找一份真正的工作。仍有人觉得她们不值得获得基本劳工保障。进步人士可能急于争取护士和教师（"好女孩"）的权利，但不为使用身体发展事业的女人（"坏女孩"）争取权利。

长期存在的好坏分类和围绕这种分类的无穷无尽的讨论分散了人们对社会实际情况的注意。**人们做出分类，进行审查，发出嘲笑。**但这些做法的根本目的是通过剥夺女性完整的自决权，特别是经济自决权，来阻止女性崛起，剥夺女性的权力。此类奖赏与羞辱惩罚了所有女性，因为其将我们置于虚假的道德幻想中，使我们忽视了自己的底线。

对选美皇后全安琪来说，表演模范女性气质、克服媒体引战的骚扰、忍受大起大落的胜败结果，这些事情没有让她一直分心下去。最终，她得在现实世界面对少到几乎没有的劳工权利。

被加冕为密歇根小姐那天，除了极大的成就感，她记得自己也因奖学金而非常兴奋。她得到 12000 美元冠军奖金和 500 美元才艺奖奖金。获胜后，她被马上送往志愿者寄宿家庭居住，用接下来的三个月专门准备美国小姐比赛。她因获得州头衔而有资格参加全国比赛。参加美国小姐比赛时，她"仅仅露面"就获得了6000美元。全安琪没有进入决赛，但她还是赢了三个才艺奖，奖金总计2000美元。加起来，这几个月的比赛让她赚取了20500美元奖学金，但只能用于接受教育或支付学费。这似乎不是什么坏事。

回到家乡后，她很高兴能专心为"服务年"工作，这是随密歇根小姐头衔带来的期望，她会有学校活动、慈善活动、演讲和旅行机会。这似乎令人激动。但实际上，在正式的"志愿者"名义之下，她正进入一种不透光、不受管制的工作安排，这要求她——如果想保留自己的头衔——将学习和正式工作搁置一年。有了如此严格的规则，这显然不是靠谱的工作。全安琪估计，她每个月平均有四次演出，人们应该付给她250美元演讲费和300美元弹钢琴和表演才艺的费用。尽管月收入很低，她估计要求她演出的人中最后只有四分之一会付钱给她。她还被期待在外貌上保持高标准，将自己的时间和金钱花在买服装、护肤、化妆、做指甲和头发上。

她恳求密歇根小姐组织帮她收账，但这让事态恶化了。全安琪已经受到顾问的训斥，因为她在 Instagram 上发布了一幅自己画的裸体女人素描，并诚实地告诉了"当地女孩"美国小姐的真实情况。她将这种经历比作"观看香肠制作"，她向未来的种子选手讲述自己的故事，讲她们被困在里面很多天，因节食而饥肠辘辘且筋疲力尽，还有一些选手完全停止进食。

抱怨缺少资金成了压倒骆驼的最后一根稻草。她的选美顾问甚至不再假装帮忙。就像她之前的密歇根小姐称号一样，她变成了忘恩负义的问题小姐：这恰是她被警告不要成为的角色，也是她全心全意发誓不会成为的角色。"一旦你处在这个位置，你就会说，'哦，我的天，我没钱加油，我应该向北开，而且我好饿，我一直住在车里'。他们不许我工作，我也不能上学，但我没有任何活动可以参加，因为没人组织这些活动。"

那一年，她的照片刊登在报纸上，她剪过丝带，戴上了年轻女孩梦想中的闪耀皇冠，她只获得了大概 25000 美元，其中大部分只能用于学费，不能支付生活费用。这段日子最终成为她生命中最艰难的一个时期，在采访中，她曾多次分享这段经历。她最终别无选择，只能私下里重新入学，这样她至少可以在学业上取得进步。为了省钱，她还搬去和男友同住，这也是违反规定的。

她不想成为坏小姐、忘恩负义的小姐、制造麻烦的小姐，她讨厌这样，但似乎没办法成为好小姐。她感觉陷入了困境，但没有解决办法。"我在挣扎。当我真正面对这些现实情况时，我很难装作勇敢去对每个人撒谎。"她向我讲述那段日子，讲她付出的极端的情绪劳动：她觉得没办法让自己完全服从。

为了做一个好女孩，或是好小姐，她几乎没有机会抱怨自己缺少劳动权利的实际情况。由于我们仍认为"美"是个人私下进行的活动，而非社会上的正经工作，她的处境变得更糟了。将审美劳动视为私人活动，其功能与贬低市场上的其他女性化劳动（如护理、服务、性或家政工作）相似。但如果想要利用与美相关的工作来赚钱，在最好的情况下人们会觉得这种工作不重要，在最坏的情况下人们会觉得它不合法（因为其与性工作有相似性），因此观众仍旧只关注从业者的品德，而不会热心解决造成劳动剥削的制度。但其实，在美国，2020 年仅化妆品行业的估值就达到 600 亿美元，而这只是美容业的一部分。[20] 选美产业的净资产没有可证实的数字，但很多人提到，仅儿童部分就能达到每年 50 亿美元。[21]

我们的经济体系就是让女性化的工作创造财富，但这些财富——如果真能流向工人——也不会分给工人很多。为达此目的，社会体系再次哄骗我们相信推动这数十亿美元产业的女人根本不是工人。因为除了像全安琪这样的女人，还有谁会推动这些产业：为了他人的娱乐和消费，为了收视率，女人将自己置于舞台之上，接受公众审视，有时是现实的舞台，有时是像 Instagram、YouTube、抖音这样的虚拟平台。我们没有认识到她们在经济中的作用，反而继续把话题转向荒谬的方向，恶毒地监督着我们看到的钱与性、钱与女性气质的交换。

社会经济体系引导我们相信，我们只是在讨论一小部分地位最高的女性是否有权得到她们所得的待遇，这些女性（真人秀明星、网红、歌手、女演员）在一定程度上通过身体获得名望。即使我们非常推崇她们，但社会还是教导我们要憎恨那些从女性化工作中赚取真金白银的女人。但这样的女人是例外，而非规律性的。他们幸灾乐祸的妖魔化和轻视只会让大多数女性化工作者所处的困境变得更糟，而这些人既没特权，也没财富。

女人被迫进行这种具象化的情绪劳动，为他人创造情绪体验，被迫把自己包装成可享用、可消费的商品——让他人用以盈利。人们心照不宣地认为，好女孩应该慷慨地为他人而活，不能庸俗地索取金钱，否则就玷污了她们自己。一旦她们敢于要求薪水，要求分享她们创造的财富和价值，她们就成了坏女孩。

我们把女性推上虚假的道德高地，同时要求她们持续展现女性气质。这虚伪得难以置信，而且完全是在退步。这也是对父权制资本主义的支持和辩护。父权制资本主义营造了一个假象，好像从使用身体盈利的女性那里扣留金钱是道德行为，而不是市场剥削行为。毕竟，有人打算把这笔钱——女性创造的价值——带回家。

我们可以为这样的世界而奋斗：在这个世界中，女人可以不仅仅依靠身体来获得权力，但同时，我们也不否定通过身体获得权力的女性的价值。关键是摧毁处女-妓女二元论，而不是选择其中一边。关键是谴责对女性行为的管教，并看到其本质：对打破现状、寻求权力的女性的阻碍。

但到目前为止，大多数人仍停留在中间阶段。在此期间，女人努力争取权力，希望被聆听、被接受；在此期间，女人寻求在领导桌上占据一席之地；在此期间，女人试图为她们相信可以存在的世界而斗争，为进步而斗争。进行这些斗争时，她们用情绪劳动当防御盾牌，但这盾牌同时也被用作对抗她们的武器，来衡量她们是好是坏。在此期间，她们被迫长期忍受凌辱，她们被嘲笑胆敢戴上面具，胆敢继续努力争取更多、更好的东西。

与全安琪见面后又过了几个月，我看了 2016 年她刚获得密歇根小姐时接受媒体采访的几段视频，那会儿有关她外表的新闻已开始流传。她的情绪劳动表演得完美无缺。她看起来平静、镇定、优雅、雄辩，而且真诚，与她告诉我的内心真实感受相反。

全安琪告诉我，她制定了战略，并决定抑制自己对伤害和屈辱的第一反应，摆出勇敢的面孔，尽可能将她获得的过度关注引导到其他方向。她说："我试着将这种关注作为手段，促使人们讨论我关心的纲领。"她使用"纲领"这个词来描述选美获胜后履行职责的一年中想要强调的问题。她选择的纲领是"移民和公民教育"，这在当时是非常敏感且重要的话题。就在美国总统大选前几个月，即将当选的前选美大亨唐纳德·特朗普重申了在美国南部与墨西哥接壤处建造实体墙的计划，并为所谓的禁穆令制定了更明确的方案。全安琪领导了选民登记活动，还支持移民改革，但人们似乎对她理论垮台的场面更感兴趣。"回看那时，我非常幼稚，但那时我想，我会产生影响，我会被听到，这会很棒。"

在一个短视频中[22]，她告诉男记者，她了解到，因为自己的原因，人们开始讨论选美、审美标准和移民，这让她"非常感激"。

"真的吗？"他不相信地反驳。

"真的。"她回答，点了点头，看起来非常平静而且愉快，没有流露任何气愤、暴怒、痛苦或尴尬的负面感受。

男记者反驳道："我想很多人听到这个消息会非常惊讶。"

在短视频中，她总结道："很多人问我'你如何看待这些说你丑的评论？'我认为这么多人聚在一起，讨论过去未曾提起的话题，很酷。"

几年过去了，她对我说出真相："这是一种表演，我知道。我能做什么？我什么也做不了。那时我被逼无奈。我快被骂死了。如果我表现出愤怒，人们会把我批得体无完肤。"

冷酷的现实环境和装作心怀感激的必要性使得她为保护自己，咽下了真实的声音与情绪，也咽下了所有痛苦。这让我觉得很震惊。她遭到了羞辱，但她能做的唯一的选择就是咽下羞辱。作为女性，社会教导我们要咽下自己的感受。社会将我们摆在崇高的位置，也就可以将我们推倒，而仍在高处的时候，我们咽下自己的感受，和蔼地微笑，表达对一切的感激之情。

我想在这个黑暗的故事里寻找一线希望，所以我问她：虽然经历了这一切，但在此期间，有没有某个时刻，她觉得自己达到了女性气质的巅峰，可以铭记终生。我提议说，也许是加冕那一刻。

"我总是把它称作我的伪装。我要穿上我漂亮女孩的伪装。我曾因为得到关注而感到自己更加美丽。但现在，我感到自己更加美丽，是因为我已学会怎样优雅地接受事物。学会安于女性特征，放弃我可能不认同的事情。接受我本来会公开反对，表达我的男性特征的事情。我认为学会欣赏这一点让我更有女性气质、更美丽。

"我说放弃不意味着我什么都不做。"她继续说，"我的意思是，我发现选择放弃可以让人获得力量。"

我对她的回答感到十分震惊。她在告诉我，停止抗争，压抑挫折感和愤怒，是这个过程中最女性化的部分。这种规训她沉默、接受，并最终服从的强迫性的情绪劳动？我试着保持语调平稳，向她确认我有没有听错。

"接受正在发生的事情，不斗争，不公开反对？学着接受，然后配合。你觉得这能让人获得力量？"我问。

她同意了："是的。因为我认为人遇到不舒服的情境，第一反应就是反击。但我认为我在休息、观察和体察这些感受时学到了很多。"

第五章

暴力威胁:
被压制的
情绪负担

惩罚

2017 年秋天，#MeToo（＃我也是）运动疯传几周后，我在《卫报》上发布了一则告示，呼吁人们将他们情绪劳动的故事讲给我听。来自全美及世界各地的很多女性和一小部分男性写信给我，讲述他们的经历。大多数人告诉我，这是他们第一次分享自己生活中的细节。

许多回应者讲述了一种特定的情绪劳动，即因成为性侵害和性骚扰目标而产生的情绪劳动，一种反过来让他们生活在恐惧与防御之中的情绪劳动。他们写信给我说，问题不只在于事件本身，而是此类事件还对他们的余生产生了广泛的影响。

2018 年初的某天，我本来在筛选收到的几百封邮件，但我停了下来，因为我看到一位五十多岁的女人写给我的短笺："我与丈夫在 1979 年结婚。那时他 24 岁，我 20 岁。在婚后的头五年，他三次在我坚决拒绝时要求发生性关系，他基本上就是强奸了我。"

我读到这个短笺时肾上腺素飙升，耳边响起震耳欲聋的尖锐嗡鸣声。我突然对环境过度敏感：我坐的沙发上棕色深浅不一，我右前方的电视画面正在产生闪烁的图像。

"这让我陷入了充满敌意的负面环境。"她继续写道，"最终让我害怕性，反感男人。当我早早绝经时（谢天谢地）我们停止了性生活。"

我又看了一遍这个短笺，试着让我的大脑沉浸在刚刚读到的内容中。我试着想象她的情绪劳动会是什么样子：感到被侵犯却无处可逃，有时摆出坚强的面孔，有时愤怒从心中溢出。我想象被迫与侵害者住在一起，在很多年里甚至无权说他是侵害者，这会是怎样的负担。直到 1993 年，全美所有州才将婚内强奸定为非法。20 世纪 70 年代末 80 年代初，大多数美国人不相信配偶会强奸配偶，人们很容易坚持长期以来的观念，相信在婚姻中，女人为男人服务，既要服务他的感觉和欲望，也要适应他的性节奏。

我想象不愿提及的痛苦，想象耻辱，想象完全、彻底的痛苦，想象背叛，想象多年来压抑的情绪和终生的负担。我合上笔记本电脑，等待感官恢复。那天我没有再读其他邮件。

最糟的是，这并不是我收到的最恐怖的邮件。发给我的每个侵害、骚扰、虐待、强奸女性的故事，都悲惨得独一无二。会让心脏怦怦直跳，会使人忍不住面露愤怒的恐怖故事是常态，而不是例外。

有几个女人写信说情侣给她们下药，然后把她们拉皮条给朋友，这些男人要么为了钱，要么只是喜欢干这种事。有些女人的男教授或老师要求用性换取合适的分数或及格，有些女人长期在工作中受到骚扰，有些女人被约会对象强奸，有些女人得知了母亲或祖母遭受的侵害，要面对自己出生前就存在的家族创伤。

有位女性在做了几十年"好"妻子后离开了虐待她的丈夫。她发现自己终生所在的社群羞辱她"抛弃"了丈夫。她现在 70 多岁，靠食品券独自生活。她应该继续演下去吗？社会期望她做的情绪劳动不只包括迎合她男人的需要与感受，还要在虐待中假装幸福甚至满足？

有些女人在遭受侵害后寻求帮助，但遭遇了沉默或漠不关心的对待，有些女人知道不要"过度分享"，知道不要说实话，而要使用委婉的表达方式和替换词；有些女人知道她们不应该成为"问题女孩"，所以她们只能压抑自己。知道报警也没用的女人在余生中都会保持戒备。女人准备了狗、电击枪、胡椒喷雾、撬棍、棒球棒和枪，但这些东西并不总有助于缓解情绪和精神痛苦，这些物品是她们默默承担的情绪负担的实体化表征。

女性过滤了自己的真实情绪，因为她们知道不会得到信任，因为社会教导她们如果不保持外表得体，就会受到惩罚，因为社会期待她们优先考虑他人的舒适度，因为她们想要继续自己的生活，而且不相信并非为自己所建的社会体系。为了维持权力现状，保护男人的地位与利益而强加给她们的情绪劳动，体现了全社会拒绝面对藏在薄薄的文明面纱背后的令人深感不安的真相：有着施虐倾向的性别等级制度，其让侵犯行为可以不受惩罚。

即使是公开讲出自己经历的女性，即使是报警寻求正义的女性，也会说她们的精神创伤大多未得到治愈。她们仍需进行额外的情绪劳动。社会则几乎没有治愈她们的义务，也很少关心或优先考虑她们的内心世界。留给这些女人的只有：权衡内在自我与外部表达，调节真实情绪，改变形象以隐藏她们受到的伤害。一位女士写了一条简短又令人印象深刻的留言："我还在哭。我66岁。55年过去了。"就是这样。十几个字描述了她一生的情绪负担。

筛选这些信息时，我意识到，我有幸收到的数百名女性的故事，并不只讲述了她们遭受侵害的细节，而且讲述了这些侵害对她们的影响，讲述了在"强奸文化"中生活，需要做哪些情绪劳动。

我收到了大量有关性侵的证言，这很可能是因为我征集情绪劳动故事时，正好赶上人们都在关注2017年社群组织者塔拉娜·伯克的#MeToo运动。在此期间，全国、全世界，所有年龄和背景的女人都受到触动，公开分享了她们遭到侵害的故事。这一刻，人们清楚地认识到性侵犯与性骚扰有多普遍。或许并非所有男人都是侵害者，但有很多人实施了侵害行为，足以使大多数女人都能讲得出自己的例子。

对于该问题，人们已持续关注了很久。在美国，每五名女性中就有一人曾遭到过强奸（男性中每七十一人就有一人）。通常，女人最需要担心的男人不是陌生人，而是与她们共同生活的男人。不论是在发达的经济体还是发展中的经济体，女性都仍然要面对比例高到令人痛苦（四分之一）的家庭暴力。令人不寒而栗的是，2019 年 FBI 接到的谋杀女性案件中，可以确定的凶手中，有十分之九都是被害女性认识的男人。更糟的是，这些男人中，有三分之二是被害女性的现任男友、丈夫或前夫。[1]

这些统计数据表明，男性对女性的暴力威胁绝对普遍存在。这些数据不仅指向个别例子，还展示了一种文化，在这种文化下，女人必须时刻保持警惕——必须既尊重、服从男人的统治，又要留意那些可能变坏的人。这要求她们进行一种特殊且持续的情绪劳动，以应对潜在的暴力和暴力的后果。

2017 年末，各地报道了不少令人恐惧的故事，但对大多数女人来说，这些故事非常眼熟。不过并不是每个人都会觉得熟悉。在这件事上两性并不一致。我认识的许多男性感到惊讶与震惊，与觉得故事很熟悉的全球女性形成鲜明对比。

对许多女性来说，这不是新闻，而是我们世界运行的方式，是我们的姐妹和母亲的世界运行的方式。在长大成为女人的过程中，我已为这个世界做了多年准备。那些男人怎么可能没注意到这些事情？这些扭曲了我们生活的每一天，扭曲了我们的这么多的琐碎选择，以及这么多重要决策的事情？

看在上帝的分上，拜托。那些男人假装震惊，假装愤愤不平，但其实他们什么都知道。否则我上学时，为什么男性朋友要阻止我午夜搭公交，为什么就算打车会严重影响我的月度开支计划，他还是坚持让我打车？在我长大的篮球文化群体中，如果年迈的俱乐部老板以有点过于亲近的方式亲吻女子队的孩子，人们会移开视线，这又怎么说？为什么去比赛前，年轻教练要确保没有人和俱乐部老板一起单独乘车？我在酒吧和餐厅工作时，碰到男顾客太吵的夜晚，为什么保镖和老板要让女性员工从侧门悄悄离开？

因为他们什么都知道，这就是原因。因为强奸和侵害的危险，特别是男性对女性犯下的强奸与侵害的危险无处不在，甚至得到了我们的迁就。人们知道，女人和男人都知道。我们警告女人，我们保护女孩，有时还保护男孩。我们整个社会的运作方式为这种危险让出空间。

如果我们以前坚持认为骚扰和侵害的故事只是例外，那现在，我们肯定能看到，这种现象非常猖獗，足以使女人在生活中的绝大多数时候都要忍受这些侵害。遭受侵害的危险始终存在，意味着女人被迫进行情绪劳动以求生存，这给她们的生活带来了寒蝉效应。

金在邮件开头将自己描述为成长在农场里的女孩，她接受的教育浸满了"常识"与"自由"。成年后，一个熟人把刀放在她脖子上，强奸了她。"我活了下来。"她写道，"我跟他说把刀拿走，我会做他想要我做的事。"

她是为数不多报警的人，她的报警行为也成功将对方定罪。但定罪并没有消除她的痛苦，她的生活彻底变了。"对他的影响是在监狱中待3至7年，对我的影响则是终生。"她写道，"从那时起，我就认识到了自己有多脆弱。"

她说，几十年过去了，她仍然每天从早到晚都要考虑很多。她总是检查自己，检查周围的环境，评估自己的暴露程度是否合适，是否采取了正确的预防措施。

有一次，她独自在镇上散步，一个男人问她，她养的那些狗去哪儿了。她回答说狗在家里，但随后她就担心起这段对话。邻居告诉她，有人酒后提到那个男人想找个女人，而她也许可以……她可以与他发展浪漫关系？还是她可以被强奸？

她回想起幼时自由奔跑，这份自由现在已远去很久了。她不得不哀悼自己曾有过的自由感与安全感。她希望自己无须做这种限制自由的情绪劳动。

强奸与侵害的威胁会抑制我们的生活能力，降低我们生活的充实程度，减少我们骑车、散步、使用交通工具、探索世界的意愿，限制我们的自由。更糟的是，当我们外出旅行，甚至——事实证明——当我们待在屋里时，我们仍被迫在所有场合保持警惕：检查环境和人群，评估遇到危险的可能性，评估男人靠得有多近，评估新认识的人、权权、家族世交的友善程度，以及丈夫的愤怒程度。

这种持续的警戒是一种情绪劳动，训练我们两倍、三倍地思考，训练我们变得犹豫不决，为我们自己和我们的生活强行增加限制。做一名坚强有力的女性并不意味着不再采取防范措施，而是意味着就自由与安全、储蓄与安全、经济机会与安全做出艰难选择。

很多年前，社会就将这种责任和负担交给我们了——你瞧——我们受到侵害，然后通常还会因此受到责备。但我们难道不是一直在为此受责备吗？我们难道不是在出事的很多年前就被赋予了情绪劳动的责任，只是为了侵害万一发生的时候，可以以此来指责我们吗？

雪上加霜的是，由于我们生活的社会不会站在我们一边，当发生性别歧视事件，而又没有出现彻底的侵害行为时，我们必须参与完成有害而令人疲惫的"大事化小，小事化了"的过程：淡化事件以保证我们的人身安全，淡化事件以保证我们的收入，淡化事件以免让我们爱的人担心，淡化事件只为能迎来新的一天。

这迫使我们不情愿地成为系统的共犯：我们没有讲出侵害事件，也就未曾发出警报，无法让其他人知道随意羞辱、骚扰、侵害、强奸的案件每时每刻都在发生。这样的情绪劳动最终导致人们对此漠不关心，男人可以继续相信我们都生活在清白无罪的现实环境中，周围都是只做好事的好人。这种情绪劳动保护了厚颜无耻的羞辱者、骚扰者、强奸者和攻击者，阻止了对这种侵害我们的势力进行严肃讨论。

至少一半的人口面临遭受侵害的威胁，他们在情绪上承担着这一负担，而且通常是默默地承担着。女人从很小开始，通过与更年长的女性对话，或自己的经历，知道哪些事情更可能让她们遭遇性暴力，而哪些事情有可能减少她们遭受性暴力的风险。我记得我 11 岁时，有次穿了短裙，一位年长的女性亲属建议我换一条。她用了委婉的表达方式："你在传达错误的信息。"

我当时那么小，不可能充分理解这句话的全部意义和分量。事实上，这句话我会一直听到十几岁，那时我仍然没有充分意识到这句话在暗示什么。这句话是什么意思？是说我的裙子是一种交流形式，表明了能否与我发生性行为和我愿不愿意发生性行为？谁规定膝下一英寸意味着没有性行为，膝上一英寸意味着更多性行为？什么时候这和一个 11 岁的孩子有关了？肯定不是 11 岁的孩子制定了这个规定。

让一个孩子为他人的性意图负责，甚至期待她去管理这些意图，这简直不可理喻。我像许多其他人一样，在能表达自己的性欲和性自主权之前很多年，就开始做与性相关的情绪劳动了。我们在定义自己的性欲之前，就已学会了承受他人性欲对我们身体的影响。为他人进行的性情绪劳动早于我们自己的性发育，以至于我们的性行为往往会受此影响。

女人知道自己很有可能遇到性侵害，这让她们被迫以一种防御状态生活，导致她们即便不愿意，也要以被捕食者的方式行事。哪怕是在自愿性行为前进行的社会文化套路，也是女人扮演被捕食者，男人扮演捕食者，这严重简化了参与其中的每个人，对双方都有害。

科学界有个术语叫"恐惧生态学"，描述了动物为避免遭到捕食，而在行为、心理和神经生物学上付出的代价。该理论考虑了当存在捕食-被捕食关系时，捕食者对被捕食者的生活和谋生方式的阻碍作用——捕食者的影响不只是简单的死亡数。遭受捕杀的切实威胁可能导致被捕食者避开它们本可以繁衍兴旺的区域，例如迫使它们寻求资源更匮乏的栖息地，这让它们生存的环境变得更糟。[2]

恐惧生态学恳求我们，在研究捕食者对被捕食者的影响时，除了要考虑捕食本身，还要考虑为避免被杀而采取的策略给被捕食者带来了哪些损失。我是在 21 世纪第二个十年里读到美国新英格兰海岸大白鲨恐惧再临时，偶然看到了这个术语。鲨鱼大多围捕海豹，但以人类为目标的袭击事件有所增加。[3] 无疑，恐惧生态学可以用在纯人类的语境中。

在白人男性至上主义强奸文化下，情绪劳动最糟的一点，是当权力更少的人用它来应对不公正的暴力体制，减少自己遇到的不公正待遇时，它却常常延续了这种体制。为生存而做的情绪劳动，限制了女人的表达、生活和自由，成为维护体制的暴力手段。

这对某些人来说尤其沉重。对女性的偏见结合了其他去人性化的污名化形式，例如种族歧视和"恐跨"（跨性别恐惧）。这导致少数群体女性不仅更容易受到暴力威胁，更容易受到家族暴力创伤的影响，而且更难获得有用资源，更遑论获得公正。[4] 对黑人女性、有色人种女性、原住民女性、跨性别女性而言，特别是对跨性别有色人种女性而言，为生存而做的情绪劳动给她们的每日生活带来了更加压抑的影响，甚至有更多残忍的死亡案件发生在她们身上。[5]

但当我阅读人们分享给我的故事，与这种集体恐惧的影响做斗争时，我意识到，情绪劳动与强奸文化之间的联系比我最初以为的还要深。我们的社会体系认为女性要为他人利益而存在，而男性基本无须共情，并以惩罚的方式加以强调。这样做不仅更容易漠视女性的自治权，还会把骚扰与侵害变成暴力实施性别化情绪体验等级制度的手段。男人相信这个世界是为自己的享乐和体验创造的。侵害和骚扰不只是生活在这种世界的延伸，还会惩罚那些违背这种观念的女人。男人觉得自己有权得到情绪劳动，这是强奸文化的原因而非结果。

2021 年秋，我进行了一场意外有启发性的谈话，这使我充分理解了当前情绪劳动分配不平等的致命影响，特别是关乎性别的致命影响。当时我在写一个故事，强调美国为现任或前任男性亲密伴侣所杀的女性被害者数量巨大，为被我们称为特定的美国

"杀女"问题提出充分依据。[6] 这个故事受到美国年轻白人女性加比·佩蒂托失踪案的启发。她花了几个月和对她有家暴史的未婚夫布莱恩·朗德里一起开房车旅行,游览国家公园。后来,人们在怀俄明州找到了她的尸体。她的死亡被判定为他杀,窒息而亡,这种死因更常见于女性为亲密伴侣所杀的情况。

对我来说,这场悲剧不仅格外令人震惊,还强调了一个美国几乎完全忽视的更大的问题。尽管该问题有着难以忽视的统计数据:女性被害者不断增长的数据显示,美国每天有三名女性为男友、丈夫或前夫所杀,有五名女性为她们认识的男人所杀。[7] 谋杀是 1~19 岁女性主要死因的第四位,也是 20~44 岁女性主要死因的第五位。[8] 与男性被害人大多为同性成员所杀不同,杀害女性的凶手中 98% 是男性。[9]

"杀女"问题并没有好转。尽管当时还没有发布依据被害者性别划分的谋杀案数据,但来自全国各地的报道称,新冠肺炎引起的静默,导致女人被困在家庭环境中无处可逃,造成了令人绝望的影响。

对我来说,这场"杀女"危机与情绪劳动的联系在两个方面变得清晰起来:首先,它揭示了在亲密关系中训练女人成为"心情管理者"和男人痛苦的被动承担者有多危险;其次,统计上讲,存在一个令人不安的事实,即亲密地躺在女人身边的男人是最可能杀害她的凶手,而除此以外,情绪劳动本身也是性别化谋杀背后的动机根源。

如果能总览实际发生的"杀女"问题情况，上述第二个方面就会变得很明显，我和一小部分曾直面这一现实的检察官谈过，斯科特·科洛姆是其中之一。他因进步的纲领在密西西比东北部大概 14 万人的区域当选为地区检察官。他向我解释说，家庭暴力是他辖区警局每日接警中最常见的报警事由之一。科洛姆几乎没有为全国杀女事件的极高比例感到震惊。2021 年夏天刚过去的几个月中，他辖区内就有三起新的现任或前任男性恋人杀害女性的案件。受害者的名字是丽莎·布鲁克斯、惠特尼·泰勒和卡利亚·布鲁克斯，都是黑人女性——一个更可能因这种原因死亡的群体，也是案件更难得到报道或重视的群体。

科洛姆解释说，司法制度很难在家庭虐待变得致命之前处理普遍存在的家庭虐待问题。这在很大程度上是因为针对已定罪虐待者的惩罚不太能取得效果，而且缺少提供给受害者的有意义的关注与资源，例如住宅、金钱、工作和能解决问题的咨询。科洛姆给我举了一个例子：就在那周，在他辖区内的某个县，一名中年妇女被她丈夫用撬棍殴打。最终她进了急诊室，需要手术。但在调查者的追问下，这名女性说，虽然她害怕自己的丈夫，但她在经济上依靠丈夫来支付房租和维持生计，她负担不起与他离婚的代价。尽管打官司有联邦基金支持，但却没有任何基金可以帮助这样的女性简单地厘清离开丈夫后怎么生活。就受害女性想知道是否该检举、离开或迁就施虐者的实际需求来说，当前制度目光短浅，其结果就是无法遏制家庭暴力的增加。

当科洛姆反思这个绝对令人震惊但仍遭冷漠忽视的问题时，他指出，他注意到这些谋杀案的另一个根源是男性凶手的态度与期望，他们的表现就好像他们觉得女人欠他们的。恶行与权力、控制以及"拥有女人"的想法有关，也与一种社会上根深蒂固的观点有关，这种观点认为女人对男人的幸福负有责任，甚至负有义务。

"我看到他们对待女人就好像对待自己的财产。比如'这个人属于我，如果我不能拥有她，就没人可以拥有她。如果我不开心，那是她的错'。这是我总能见到的有毒性的男性气质的心态。"

特别是，科洛姆想起了他同在 2021 年夏天提起诉讼，嫌疑人最终被判无期徒刑的一个案子。涉案的是一名中产阶级白人男性，名叫威廉·奇泽姆。2018 年初，在白人验光师前女友肖娜·维特与他分手一个月后，奇泽姆突然持枪袭击她在沃尔玛内的眼科诊所，并在她尝试逃离时枪杀了她。[10]

科洛姆解释说，凶手奇泽姆在跑去枪击之前，曾与熟人交谈过，透露出他根深蒂固地认为前女友维特是他有权得到的东西。他似乎不只相信她是自己的财产，还相信她欠他幸福。换句话说，奇泽姆深感维特应该为他付出长期的情绪劳动，以至于当她选择停止他们的关系，停止为他进行情绪劳动时，他就结束了她的生命。

科洛姆告诉我，这种贬低女性，认为她们仅仅是情绪增强器和男性附属物的观点很常见，是不同案件中反复出现的主题，而不是偶然的例外。"从历史上看，我们教育男性看待女性的方式有问题，其中一些问题就显示在这些谋杀案中。"他坚定地补充说，这是关于性别、性别教育的问题，而不是普通的精神健康问题或单独的人格特质问题，"人们说，这很大程度上是愤怒管理的问题，但这说不通，很多施暴者对其他人就没有愤怒管理问题。"

科洛姆反问，我们教了男人什么，让他们认为在这种环境下可以杀害女人，而在同一种环境下，对任何其他人诉诸致命的暴力手段仍然难以理解？"如果他们在工作中和别人起争执，或者他们在酒吧和别人打架，是不会升级为谋杀的。"

科洛姆问："他没有对其他人产生威胁。这是为什么？"

这是这个为男人享乐，而将女人送入虎穴的体系的阴暗面。这是这个教育女人应该为男人提供情绪劳动，男人的存在和情绪体验优于女人的体系的阴暗面。两性间不公平的情绪劳动分配巩固了女人的地位——只有在能提高男人的生活体验时才值得生存。与男人隔绝，她们的人性就会减弱。极端地说，对人性的贬低导致了源于妄想中的分离与妄想中的优越感的随意谋杀。

这些杀女事件不是例外。这是这个制度对自己最清晰的表达。而我们毫不在意，不予关注。随着待处理的案件越来越多，斯科特·科洛姆不能视而不见。诉讼与审判似乎远非这个世界所需要的长期解决方案。对他来说，解决方案紧迫又简单。"在我看来，如果不能对男性进行相当程度的再教育，就无法阻止大量杀女案。"

有些人一直承担着找到前进道路的情绪劳动，他们渴望找出允许进步、希望，甚至某种形式的补偿的道路。对他们来说，科洛姆所呼吁的男性再教育行动已不能继续拖延下去。

2015 年，在性与技术会议——Arse Elektronika 上，游戏设计师兼文化评论员马蒂·布里斯解释了她在性行为后被迫承担的临时教育者职责。[11] 作为一位与顺性别男性发生关系的跨性别女性，她说自己被大多数空间排斥，别无选择，只能在互联网的小角落里找潜在的恋人。但当她与这些男人交往时，她发现情人常常在性行为后哭泣并表达羞耻等激动的情绪，他们期望她以心理治疗师的方式介入。她并非主动想做这种情绪劳动，但这种时候有必要阻止这些男人的情绪蔓延。她知道，如果他们的情绪持续恶化，她的个人安全就会受到威胁。她说："我不得不学会在恐惧中谨慎前行。如果我不能恰当处理，他可能会转而采取暴力。"

即使男性伴侣的情绪已经不在她身上了，她也会这样做，这是明显不平等的情绪劳动。这些时候，布里斯会为这些男人解释性、性别、性取向等概念，而他们是不会从其他地方寻找这些信息的。和她在一起，男人学到了更安全的性行为和知情同意。布里斯在人们侮辱了她的人格后，为他们提供批判理论入门课，是希望他们会更得体地对待自己遇到的下一位跨性别女性。

三年后，在网络理论化（Theorizing the Web）大会[12]上，布里斯详细阐述了她的分析，她反思说自己的个人经历与社会的重要发展紧密相连。"我开始以非常奇怪的方式意识到，在我以这种方式邂逅男人后，下一位遇到他们的跨性别女性会有更好的体验。这是非常有趣的发展，人们以为进步是随着时间流逝而自然取得的，但事实上，我们是因为进行了劳动才能取得进步。我们正通过大量的性劳动推动社会向前发展。"

就像上一章中提到的丹妮尔教授一样，布里斯发现她将自己置于危险之中，她为了进步这一更大目标所做的情绪劳动损害了她的自我意识。就她的情况来说，她的情绪劳动很繁重，但我们明白她所做的事情无疑具有很大影响力，无疑很重要。她也觉得，如果想保持性活跃，自己没什么别的选择。

2021 年我采访时任纽约大学教授的马蒂·布里斯的时候，她已开始考虑通过博弈者和社会艺术实践的视角解决这种情绪劳动交换中不平等的问题。她尝试过每月进行一次情绪劳动贸易集会，在会上，与会者要向团体明确表达自己的需求是什么，自己愿意提供什么。她的尝试不太成功，有一部分原因是思考情绪劳动需要他们"成为情绪网络的一部分"，但愿意来参与艺术实验的人不一定有这个意愿。

布里斯在谈及人们不愿意充分建立相互联系时说："我们往往只把社群看作一些互相影响的人，但社群是更加基础、更有结构、更深入的方式。"她继续思考责任，以及怎样让人们承诺负责，然后她转向了变革性正义和恢复性正义。

为了真正有所改变，老师不能为学生承担所有情绪劳动。为了真正有所改变，情绪劳动者不能为整个群体承担情绪工作。群体首先需要看到情绪劳动的存在，理解情绪劳动的必要性，甚至给自己群体的情绪劳动命名，然后每个个体都必须承担情绪责任，不只为了自己，也为了更广泛的群体而承担责任。这就是布里斯在寻求改变时遇到的矛盾情况，这种情况也给她带来了一些阻力。

以这种具象化方式教导其他人，可以让他们看到自己之外的现实世界。这种情绪劳动或许能让人们的思想与心灵变得更为公平。但只要更有权力的群体拒绝承担自己在情绪网络中的责任，就不会有彻底的改变。**非自愿的情绪劳动源于特权，这种特权是基于权力等级制度的。非自愿的情绪劳动不是改变的根源，扭转趋势，转移情绪劳动的责任才是。**

对底特律的活动组织者、心理医生、临床社工卡里马·约翰逊来说，解决方案之一，是将受害方的情绪劳动负担卸下，转移到加害方身上。约翰逊是底特律 SASHA 中心的创立者。该中心主要采取互助小组的方式为黑人女性提供服务。互助小组承认、尊重黑人女性的特殊感受与性侵相关经历，并将其整合进相关项目。

"黑人女性从未有过支配自己身体的权力，我们的身体从来都不是我们自己的。从我们被带到美洲起，'拒绝'这个选项就没有出现过。不能拒绝田野里的黑人男性，不能拒绝白人老板，不能拒绝白人老板的白人女性伴侣。"

"我们从未被允许说不。这甚至不是个选项。这从来就不是个选项。SASHA 中心花了大量时间教育女性：这是一个选项，你可以说不，你可以打破沉默，打破沉默并不会打破你自己或其他人，打破沉默是在解放你自己。"

黑人女性习惯于被迫做一种非常特殊的情绪劳动，约翰逊将它称为披上"斗篷"：表现得好像是防弹的超级英雄，会优先将人们团结在一起。因为这种感受的特殊性，她的中心只对黑人女性开放，让她们在同伴环境中感到舒适，放下情绪盾牌。"在我们的社群中，如果你问黑人女性她们是否想来参加强奸受害者小组，她们会说不，不——该死的不。因为现在你该死地披着斗篷——我所说的'女超人狗屎斗篷'。或者说，现在你是在要求我揭露我的家庭。现在你在要求我变得软弱，谈论一些我知道如果讲出口，就会因无法呼吸而死去的事情。"

她的中心促进了典型的情绪劳动交换，在小组环境中，以鼓舞和关注更广泛群体的形式提供情绪劳动。该种做法很接近一种我们愿意支付高价的情绪劳动形式：心理治疗。不过，在这里，情绪劳动的价值，不只局限于个体，也体现在其相互性和对群体的治愈。

但约翰逊没有止步于此。她相信同伴可以提供治愈，但有时也需要侵害者参与这个过程。约翰逊解释，在她的个人生活中，第一个虐待她的人是她的堂姐，在与堂姐交谈时，她体验到了恢复性正义。在直面另一个家庭创伤时她也体验到了恢复性正义。

几十年前，为了更好地认识自己，这位临床社工研究了自己的家谱，将她的家族上溯到肯塔基州的一个种植园，找到了曾奴役过她祖先的家庭的后代。她非常详细地回忆起自己第一次接触这个家庭后代之一时的情景，对方是一位名叫贝蒂的女性。约翰逊打电话给她，留下了语音消息。"我说，'嗨，我叫卡里马·约翰逊，我来自底特律。我在研究我的家庭和我们的移民模式。我了解到你的家族是我家族被奴役时的所有者，如果我们能谈谈，我将非常感谢'。"

"她马上给我回了电话。她说，'哇……哇……哇……我知道我家族有这段历史，但我没想过能当面接触你'。然后她哭了。我让她哭了大概五分钟，然后我说，'贝蒂'。她说，'嗯？'然后我说，'哭没问题，但我们还有工作要做'。"

对约翰逊来说，这一时刻是修复之旅的第一步，贝蒂需要在其中发挥远超哭泣和接受清算的积极作用。

2004 年，约翰逊和她妹妹前往肯塔基州，参观了四个种植园，并见了其中一些从对她祖先的奴役中获利的白人家庭的后代。退休的白人教师贝蒂，在她继承的联排别墅里请她们吃饭，奢华的古旧盘子上盛着芦笋和鸡肉。约翰逊的妹妹不失时机地问她们的东道主，她是否觉得自己应该向她们道歉。

"她说，'我认为我们绝对应该向你们道歉。我认为我们不只应该向你们道歉，我们还欠你们更多。我不认为我们可能偿还得了。我很抱歉，非常抱歉。我知道我们从免费的奴隶劳动中获益。如果没有家族遗产，我就不会有这所房子，我们的家族遗产与你的家族被卖为奴紧密相关。我非常清楚这件事'。"

"我妹妹很随意地站起来，走到这个女人面前，她们相拥而泣。我认为这是这个国家需要但没有做的事。"

用约翰逊的话说，恢复性正义要求不当行为的当事各方恢复常态，"让人们承担责任，不是要给人们定罪，而是让人们以不太传统的方式赔偿损失"。以这种方式运作的情绪劳动不再是受压迫群体令人窒息的防御机制，反而成为推动变革的强大力量。

要想解决情绪劳动榨干女人和少数群体这一问题，可以要求自上而下进行情绪劳动。在当前的情绪体验等级制度下，特权和权力的受益者可以不断要求边缘群体进行情绪劳动。扭转这种情绪劳动要求，不仅为承担责任、解决问题提供了途径，而且消灭了一个引发暴力的原因——对情绪劳动本身的要求，这有时是致命的。

"我相信人们可以变好，这种信念有时可能很盲目，但有时也没那么盲目。不过我真的相信治愈是可能的，宽恕也非常可能。有些人甚至不想原谅，那他们就不必原谅，但宽恕真的就在你心里。"约翰逊在分享自己的经历时说。

她告诉我，在采访男性侵害者时，她总结了一个首字母缩写词：ARRA，意为责任（accountability）、悔改（remorse）、根本原因（root cause）和行动（action）。"你必须为自己的所作所为承担责任；表达悔改；你不能在没有解决根本问题的情况下悔改——那么根本问题是什么？什么助长了（这种）行为？——然后，这之后你打算做什么？你要怎样成为更好的人？你打算怎么回归社会？这些对我来说都是恢复性正义。我真的相信，这样做我们能变得更好。你必须在场。为此，你必须能看到他人身上有希望的一面。"

这是个艰难的要求，而且正像她指出的那样，不是每个人都想原谅，更不用说肯定有一些施暴者不愿意做这项工作。但当各方愿意参与时，将负担分摊，将工作转移给加害方，要求进行能带来真正的内省、对话、成长和联结的清算，是一个解决办法，是一种具有深刻的爱的工作，这种爱可以产生系统性改变。

对卡里马·约翰逊来说，这些恢复性正义可以照计划进行，但也可以自然发生。在我们的采访中，她回忆起近期参观底特律美术馆的经历。底特律美术馆是一家世界级博物馆，拥有路易丝·布尔乔亚、可海恩德·维里、文森特·梵高、米卡琳·托马斯、迭戈·里维拉等大师的杰作。

"我当时在纪念品商店里，戴着这条漂亮的围巾。两名白人女性靠近我，抓住了我的围巾。她们走到我面前，开始摸我的衣服！我感觉自己像个展品。"约翰逊笑着描述一些实际上悲惨且不好笑的事情，她的身体完整性被随意无视和冒犯。

"我不是博物馆的一部分，女士。"她立即反驳道，"'你们必须得到同意才能碰别人。你们在干什么？'她们甚至没意识到这个问题。她们说，'哦，哦，我很抱歉'。然后我说，'不，不，不，就站在这儿，现在轮到你们了。现在我要摸你们'。她们很不舒服。我说，'这不舒服，是吗？'她们说，'是的，是的，你证明了你的观点'。"

这个故事很好地提醒了白人女性和其他处于特权地位的女性：如果在情绪或身体上侵犯了他人，她们也不能逃脱责任。这个故事也提醒每个人，要在复杂情绪网络中承担责任。在复杂情绪网络中，在某个位置上是被捕食者，不意味着你在另一个位置上就不是捕食者。

虽然上述提醒很重要，虽然不同群体之间有着细微差别，但我仍不理解，女人，无论什么身份的女人，究竟是怎样正常生活的？为什么她们甚至还能快乐且乐观地在抗争中生活？如果女性的身体和性被用作瓦解她们权力、统治和压制她们的工具，女人怎么能对自己的身体感到舒适？怎么能喜欢性？如果女人要专心为他人提供情绪服务，那要怎么成为自己情绪的主人？如果女人要适应未来很可能遇到的痛苦，要在现在试图阻止，还要解决自己过去经历的创伤和此前的家族创伤，她们是如何在世上生活的？为什么她们没有成为给别人带来痛苦的人？

遇到性侵害的那天早上，我穿着牛仔裤、T恤，没化妆。外面不黑，我也没喝醉。我在去机场的路上，行李箱在罗马的水泥路面上滚动。一个男人接近我，向我提供帮助，要帮我把行李箱搬下台阶，搬进隧道。我要搭隧道里的列车去机场。我当时确实在想，他是真的想帮我，还是我现在有危险了。

我对他说不。但他还是拿起了我的行李箱。我的脑子发出警报，我已从教训中学到要怀疑陌生人的骑士精神，但这没有改变任何事。我的情绪劳动没有阻止他把刀放在我脖子上或按住我的手。改变那天早上结果的，是我听到隧道另一端传来其他人的声音，后来他因此逃跑了。

我不想警告我的外甥女。我不想让外甥女觉得自己的外表要对他人的思想和行为负责。我想告诉她：她可以自由地穿自己想穿的衣服，可以涂口红，也可以不涂，只取决于她想不想。我想告诉她，如果她想存钱，她可以自由地搭公交。我想告诉她，她可以和其他人平等地分享这条街。

我想将她从那种情绪劳动中解放出来，让她将用在那里的能量用在更好的地方。我希望她脑子里不会持续翻腾这些问题："我安全吗？""他是什么意思？""有响声吗？""他在跟踪我吗？""他是不是不高兴？"

我希望她脑子里的声音更像这样："水在发光""我觉得那部电影怎么样？""她说这话时很有趣。""我可以为改革选举制度做些什么？""也许明天我会穿最喜欢的鞋。"

我想要争取这样的世界：在这里，相互关系与征求同意是通行的法则。人们足够勇敢，可以让她不必进行那种为生存而做的情绪劳动。我不希望她把情绪劳动当成以低到几乎无法察觉的频率，为保护自己而绝望开展的工作，我希望她认为情绪劳动是所有人都应该做的事，是用来改善和保护群体的宝贵工具。

当有人对她做错事，我希望她要求他们成长、反思。我希望他们自愿为她做这些事，而她转而再为其他值得的人这样做。我希望她在与周围人的合奏中，以自己能达到的最高频率，接收和给予一种全新的爱——贝尔·胡克斯说，这种爱不只是坐在那里感受，而是要付诸行动；这种爱要求承担义务与责任，并且总是伴随着成长。[13]

最重要的是，我希望她不要认为幸福就是为他人提供便利，我希望她不会认为自己的身体只是一块他人行为与感受的画布。我希望其他人，特别是男孩和男人，在与她相处时，能明白她不是其他人情绪体验的简单载体。这是恢复女人和女孩自由的关键，这是解决最恶劣的性别暴力问题的关键，这也是男人获得自由的关键。

第六章

那男性呢：
人类共情的
情绪价值

限制

2017 年的纪录片《阿普问题》（*The Problem with Apu*）批评了《辛普森一家》对移民美国的印度人进行的简化描写，引来了很多网络喷子，也捧红了喜剧演员哈里·康达博卢。他有一段脱口秀，讲述了我们的文化是如何使用"男孩终究是男孩"[1]这句话的。他在脱口秀中说："在人们说这句话之前绝对不会有什么好事！只会有最糟糕的事情。"

"比如，绝不会有人说，'嘿，你听说奥巴马和伊朗签署了核协议吗？男孩终究是男孩！用非暴力手段结束冲突！'绝不会有人这么说。"

"绝不会有人说，'嘿，你看见查宁·塔图姆在同性恋骄傲大游行中跳舞了吗？真的！男孩终究是男孩！你充分接受自己的性取向，所以你支持其他人的性取向！'"

"绝不会有人说，'嘿，哈里，我是看见你戴着耳机在树下哭了吗？男孩终究是男孩！'我在听'治疗乐队'和他们的热门单曲《男孩有时会哭》。"

当然，这些听上去都滑稽好笑。这位喜剧演员想表明的观点是我们从不强调男性在情商、共情或情绪素养方面的积极行为。相反，我们强调一个人所能表现出的最糟糕的行为，残忍地把男性挡在了积极行为之外。这种做法使得糟糕行为成为我们文化中的"正常"行为，并得到赦免。这种行为也会影响男孩和男人的行为，影响他们对"男性应当如何行事"这一问题的理解。

表演结束前，康达博卢指出"男孩终究是男孩"这句话，描述的大多是男性暴力、性骚扰或者"室友把他的蛋蛋戳进了你的花生酱里"。没有一种行为值得称赞。但这种将男性恶劣行为正当化的行为真实得令人痛苦。

其实，连当时即将当选美国总统的人，都用这种借口来撇清责任。2016 年 10 月，《华盛顿邮报》发布了一段录音，录音来自 2005 年，内容是当时的总统候选人唐纳德·特朗普与娱乐主持人的一段交谈，特朗普吹嘘自己有能力在未经女性同意的情况下在性上强迫她们，也就是实施性侵。你可以听到他在这段录音中说："我就开始亲吻她们。这就像磁铁。亲就是了。我甚至不会等。如果你是明星，她们会允许你这么做。你可以做任何事。抓她们的下体。你可以做任何事。"

特朗普在发布道歉时否认了指控，声称他一直在开"更衣室玩笑"。[2] 他暗示，男人之间就是这样说话的——随便吹嘘自己有多擅长强奸。

这种为侵害行为开脱的言论迫使男性认为，如果他们想被看作男人，想被视为男人中的男人，他们就应该有攻击性，并且不介意侵犯别人。这种言论不只将女性置于危险之中，而且也伤害了男性。这种言论剥夺了男人的人性，为整个性别蒙上阴影，并将他们置于危险境地。

或许这个例子看起来单纯是众所周知很蠢的公众人物再次犯傻。但男孩和男人的更衣室借口在远离名人与正式权力殿堂的下游继续存在。2013 年，在俄亥俄州斯托本维尔，两名当地高中橄榄球队的明星队员被判有罪。前一年，这两个男孩强奸了一位正处在青春期的女孩。罪行发生在晚上，受害者在人事不省的状态下被送往几个派对。社交媒体上厚颜无耻地传播着事件录像。作为网络时代引人关注的强奸案，该事件得到了全国性的报道，但与此同时，也让人们注意到镇上——和其他地方——对实施犯罪的男孩表达的同情多于对女孩的同情。[3] 父母、教练和学校行政人员对此睁一只眼闭一只眼，以保护他们心爱的当地球队，毫不在乎"男孩终究是男孩"的行为。下达最初判决后几个月，公诉人又对两名教练、一名校长和一名学校负责人提起了指控，指控他们暗中阻碍定罪。[4] 2018 年，由南希·施瓦茨曼执导的相关纪录片《罪恶小镇》发行。该片促使人们关注这个橄榄球小镇中的文化，这种文化为保护小镇的儿子，而将小镇的女儿置于危险之中——首先且最优先关心男孩的未来与幸福，使其胜过对女孩的关心。[5]

不论线上还是线下，反对女权主义的男人常用以下四个字表示反对：那男性呢？男性饱受抑郁症折磨，自杀死亡率更高，男性被送上战场，被送进监狱。他们辩称，做男人也很难。[6]这些男人的担心很合理，但他们错误地把自己放在了女性的对立面。自杀率更高、战争或监禁的痛苦经历更多，并不会将男人和女人置于对立面。这只能说明在这种父权制、白人至上主义的资本主义体系中，男性也可能会输。父权制迂回地让男人掌权，但并不是所有男人都有权支配其他人，当然也不是所有男人都一定会赢。

社会体系在僵化的规则下运行，成本高昂，收益巨大。父权制要求男人展现出支配性，从而使其获得控制权。然而这种支配性是极具破坏性的力量，对他们周围的人和男人自己来说都是如此。

情绪劳动在这里占据非常特殊的位置。如果将情绪劳动视为照顾他人，表达情绪，进行交流，将他人利益置于自己之前，有集体意识，那么情绪劳动会被视为女人的工作。并且人们不会只觉得这基本完全是女人的工作，而且会觉得这属于"女人终究是女人"的行为。虽然情绪劳动需要付出大量精力和时间，对技能也有很高要求，但人们往往只将其视为女人的自然表现。

但将情绪劳动限定在女人身上，也使男性无法表现出关怀、同情、温柔、仁慈或任何刻板印象中的女性化属性。对男人来说，被评价为女性化仍然是最能威胁他们地位的事情。只要这个世界仍然觉得情绪劳动是女人的必要组成部分，那么男人哪怕只是尝试参与一下，都可能会有危险。但如果你不只把情绪劳动当成负担，也把它理解为治愈的手段，理解为人类联结与成长的重要方式，你就会看到，无法表现出这种行为的男人会成为更深层次上的失败者。如果只允许男人表现出支配、攻击、竞争、冒险等一小部分情绪，也就从他们身上剥夺了能让生活充实、健康，能让他们与别人保持联系的必要组成部分。

或许情绪劳动是女人为适应环境、在压迫下生存而选择的工具，但如果能跨越权力差异分配情绪劳动，其也是具有变革性的治愈力量。如果男人只要表达一点点同情或敏感，他们的男子气概就会受到威胁，那么他们也就无法获得集体或独立的治愈。

在我就上述主题采访过的男人当中，种族和性别权利工作倡导者，备受赞誉的作家吉米·布里格斯的故事最能让我们学到教训、获得希望。吉米在密苏里州的弗格森长大，这是圣路易斯城郊的一个小地方。40 年后的 2014 年，此地因白人警察达伦·威尔逊枪杀手无寸铁的黑人青少年迈克尔·布朗而上了各国头条新闻。这一事件引发了全国范围的抗议活动，也成为当今"黑人的命也是命"活动的起源。吉米的父亲在情绪和身体上虐待了他，吉米认为这是因为自己从小就不符合传统上的男性气质理想。他告诉我，他曾是个敏感、矮小、圆胖、戴眼镜的孩子，而他父亲喜欢在别人面前奚落他。

"父亲嘲笑我身体笨拙，无法在运动中取得好名次，不擅长任何一项运动，嘲笑我被人当作软弱的孩子、哭泣的孩子、会在女孩身边手足无措的孩子。我不敢约女孩出去，更不要说在高中或大学里和女人睡觉了。"

吉米毕业于乔治亚州亚特兰大，一所著名且历史悠久的黑人学府莫尔豪斯学院，有马丁·路德·金等著名校友。毕业时，他准备奋发进取，将他已深刻铭记的父亲的期望与自己擅长的技能结合起来。他计划成为一名记者，报道战争。

我记得，吉米第一次向我敞开心扉，是在哈林区莱诺克斯大道的咖啡馆里。当时他沉默着，低头盯着盘子。他点了三明治配薯片，但还没动过。他垂着头，面向桌子，纠结该怎么讲，他一直反复拿起薯片，又放回去，直到他最终分享了自己的故事。

"对我来说，当报道战争的记者是个认证标准。对我来说，这是我可以证明自己具有终极男子气概的方式。如果我报道战争，就没人能否定我。就像，'你做过什么？'我在哥伦比亚，我在阿富汗，我在加沙地带。就像，'好吧，你能赢过我吗？你不能质疑我的男子气概。没人能质疑我的男子气概'。"

吉米告诉我，他也"害怕不被看到"，害怕自己永远是那个聚会上独自一人靠墙站着，因太过害羞而不敢邀请女孩跳舞的男孩。他知道，对这类男孩、这类男人来说，特别是对这类黑人男性来说，文化群体内的常识非常残酷。这不只是为了遵守社会文化规范，也是因为害怕遭到忽视。"我以为如果我不能符合男性框架，就永远不会得到正视。"

心理学家和相关理念倡导者越来越多地使用"男性框架"这个术语，它指的是一套僵化的行为和性格规则，如果男人想要自己作为"真正男人"的地位始终处于安全位置，不受质疑，就需要遵循这些规则。虽然过去数十年女性一直在挑战传统女性气质的概念，打破阻碍权利的壁垒，但男性却没进行过类似的斗争。

2017 年，Promundo 组织领导的一项研究在美国、英国、墨西哥分别调查了超过 1000 名年轻男子，将男性框架定义为 7 个要素的组合。[7] 第一个要素是自立，换句话说男性在情绪和身体上都不应该依赖别人。第二个要素是坚韧，可以理解为在一切环境中展示身体和情绪上的力量。第三个要素是身体吸引力，但在实现这一点时不能显得太过努力。第四个要素是履行传统性别义务，在经济上供养家庭，不做被视为女性化的工作。第五个要素是异性恋并且恐同。第六个要素是性欲亢进，不能说自己不行。第七个要素是在家里有最终决定权，能控制女人的活动，相信有时暴力和攻击是赢得尊重的必要手段。

需要说明的是，根据语境不同，有时这些要素也被称为"有毒的男性气质"，这并不是正面清单或者给男性的行为指南；相反，这些要素总结了强加给男性的限制。苛刻的情绪规范并不只针对女性，而且也适用于男性——二者有着截然不同的要求与后果。最糟糕的是，性别表现与压迫是一条狭窄的双向道，会非常严厉地处罚每个不符合常规的人，而且在某些方面，对男性比对女性更苛刻。管一个女孩叫"假小子"往往只是爱称，但叫一个男孩"娘娘腔"就是侮辱了。**在厌女的世界里，女性化的一切都是侮辱。**

Promundo 的研究调查了 1318 名 18~30 岁的美国男性，囊括了来自各种背景、具有不同人口统计学变量的群体，能代表总体人口分布，其中四分之三的男性认同这一陈述："整个社会告诉我，即使内心感到害怕或紧张，男人也应该表现得坚强。"社会积极训练男性进行的情绪劳动是情绪抑制，其次是展示力量或侵略性。除此以外的一切情绪都不符合社会规范。

这种受限制的情绪表达标准与情绪劳动通常的概念——一种优先让他人感觉良好的工作形式——形成鲜明对比。事实上，这些要素中的很多都与情绪劳动完全相反，不只要求男人切断对自己情绪的理解和管理，而且通过强制要求男性展现出攻击与支配的特质，让他们以自己为中心，忽视其他人的情绪。

我对男性进行采访时，经常觉得情绪劳动的话题完全是个死胡同。不仅是因为情绪需要时间、精力和技巧的观点让他们感到震惊乃至困惑，而且因为很多人声称自己没有情绪。

杰夫是接受我采访的男人之一，他是一位年近四十的白人异性恋，身处长期浪漫关系中。情绪劳动的概念让他惊呆了。在我反复解释情绪劳动是什么意思之后，杰夫终于表示自己明白了我在说什么。然后他自豪地提出另一个坚定的主张："我不是有情绪的人，所以我不需要情绪劳动！"

杰夫说情绪劳动与他无关，所以我意识到我们的采访不会持续太久。我起初以为这段采访会完全用不上，但我很快明白，杰夫实际上是在阐述问题的症结。"我不是个很能表现情绪的人。"他继续说，"我确信这在男人中多少有点常见。通常人们觉得我缺少热情。"

我没花多久就明白了，如果男性框架的第一个要素要求男人在情绪上不依赖他人，第二个要素要求情绪坚韧，那么让男人敞开心扉也是在要求他们违反性别化行为的核心准则。在某种程度上，杰夫其实是在拒绝试探这些非常僵化的界限。但另一方面，杰夫在玩一场恶意的权力游戏。由于拒绝承认自己的情绪，杰夫不必做任何情绪上的努力，也不必归属于任何情绪网络，从而，他可以将工作留给身边的人，让身边的人无形地吸纳和照顾他的情绪。

或许与杰夫愿意承认的不同，事实上，男人确实有情绪，就像所有其他人类一样有情绪。第四章的注释曾简要提到心理和神经科学家莉萨·费尔德曼·巴雷特的工作，她揭示了情绪是如何彻底影响我们对世界的理解的。[8] 就围绕性别的讨论而言，最重要的是，她的工作证实了理性思维与情绪思维并非完全分离。

作为拥有大脑的人类，我们通过五感——视、听、嗅、味、触——接收世界上的信息。大脑会根据身体对五感的反应，回答一些简单的问题：我感觉好还是差？我受到刺激还是没受到刺激？神经科学称这些简单问题的答案为"情感"，或者基本感受。普林斯顿大学心理学教授埃里克·努克告诉我，他将情感描述为"针对你觉得怎样这一问题，形成的未做区分，也未概念化的一种气氛"。大脑将情感与环境和过去的经历相结合，就会形成所谓的"情绪概念"，形成更复杂的情绪，例如，愧疚、高兴、尴尬、忧虑、悲伤。[9]大脑通过这种机制加工整个世界，它就像做科学实验那样，总是提出假设，总是做出更正，利用转化为情绪的情感对世界进行有意识的思考。因此，对包括杰夫在内的大脑功能正常的人类来说，不存在"没有情绪"这种事。即使是看起来最理性的思维，也源于一套基本感受。

这一点十分重要。它说明大众心理学中我们长期不假思索就相信了的大脑理论过分简化了。特别是"三层大脑"的理论，该理论不恰当地将大脑分为三层：爬虫脑（最基础或原始的脑），哺乳脑（情绪脑），皮质脑（代表据说是进化后的大脑）。

神经科学家巴雷特在她的《情绪》（*How Emotions Are Made*）一书中苦心指出，大脑结构并不能将我们与动物王国中的其他动物区分开。"人类大脑的解剖结构说明，不管人们为自己编造了什么谎言，任何决定或行动都不可能不受内心感觉与情感的影响。"她写道[10]，"你身体此刻的感觉会影响你未来的感觉与行为。这是一个经过优雅编排的自我实现预言，体现在你大脑的结构中。"

我们大脑的情绪特性绝不是未经进化的遗留物，它们使大脑聪明了很多。巴雷特写道，"从身边的规律与概率中学习的基本能力"是所有人与生俱来的。[11]

但当谈到对科学和大脑的理解时，大多数人不会想起莉萨·费尔德曼·巴雷特，相反，他们相信已过时且基本不可信的19世纪的观点。

英国维多利亚时代的生物学家查尔斯·达尔文被称为进化论之父，他以提出自然选择理论而闻名，并且无疑彻底改变了我们对自然世界的理解。但他有关种族与性别的理论经不起时间的考验。在《人类的由来》一书中，他声称：

> 在心理倾向上，女人似乎与男人不同，主要体现为女人更温柔、更无私；正如《蒙戈·帕克游记》中的著名篇章及很多其他旅行者的陈述所表明的那样，即使是野蛮人也有这种特点。出于母性本能，女人明显对自己的孩子展现出了温柔无私的品质，因此她也很可能将其扩展到其他同类身上。男人与其他男人是竞争对手的关系，男人喜欢竞争，这导致他们具有容易演变成自私的野心。自私与野心似乎是男人天生就不幸具有的基本权利。人们普遍承认，女人在直觉、快速感知，也许还有模仿的能力上比男人更强；但至少其中一些能力是低等种族的特征，因此，也是昔日低等文明的特征。
>
> 两性的主要智力差异体现在男人于任何领域都能获得比女人更高的成就——无论是要求深入思考、推理、想象的领域，还是仅仅使用感官和手的领域。[12]

达尔文试图用他的观察为白人至上主义、父权制辩护，称其为这个世界固有的自然属性，但他所提供的证据只能证明自己的观念体系非常自大。他用女性的身体哺育孩子这一事实，给女人分配了更温柔、更无私的属性。我们现在知道，这一系列属性也将沉重的情绪劳动分配给女人。他以典型的善意性别歧视的方式，称赞女性有类似"直觉"这样的积极品质，但同时将女人幼儿化，为女人打上次等标签。[13] 他用以支持自己观点的论据是有关"低等文明"和"野蛮人"的种族歧视信念。

这种认为女性"天生"次等的狂热延续至今。临床心理学家乔丹·彼得森被《纽约时报》称为"父权制的守护者"[14]，他坚持认为支配、自私、自立和竞争都代表着通过进化形成的优越男性气质。为支持自己的观点，他在畅销书《人生十二法则》[15]中，描述了著名的高度等级化的龙虾的社会结构。甲壳类动物的神经系统通过在体内释放血清素来奖赏好斗的龙虾，强化了它们未来战斗取胜的意愿。彼得森暗示，这一发现说明阶级制是固有的。因此，基于龙虾的例子，我们可能会相信，争取平等和破坏统治制度是违背自然的。

这种选择性的思考方式使彼得森非常受欢迎，那些不顾一切为长期存在但已开始崩溃的压迫制度辩护的人尤其喜欢他。但他虽然提出了龙虾的例子，却没有提到还存在着大量反例。例如大象生活在母系社会中，由最年长的雌象领导。它会利用长期积累的经验，记住水源等遥远资源的位置，使用智慧而非攻击的方式为象群的生存与利益做出决策。[16] 选择分享资源而非竞争资源的协作型社会能够兴旺繁衍而不会自我毁灭，就像植物群落中的树木，会通过复杂的地下网络彼此治愈。[17]

彼得森喜欢举在进化上与人类接近的黑猩猩为例子，讲述它们好斗的父权社会结构[18]，以阐明在人类社会中，由男性主导的现状是正确的。但他却避而不提另一种同样与我们接近的猿类表亲，由它们可以得出完全相反的结论。科学记者安吉拉·萨伊尼在她的《逊色》[19]一书中写道：与黑猩猩不同，倭黑猩猩群居在母系社会中。在这种社会中，合作才是关键。好斗的雄性倭黑猩猩经常为群体所回避。同时，更合作的雄性倭黑猩猩可以与雌性倭黑猩猩相安无事地并肩生活，并在母系社会秩序中生下最多的孩子。

这些从海洋到沙漠，再到森林，再到其他更广阔世界的例子可能看起来很有说服力甚至神秘地有启发性（这可能正是寻求将暴力等级制度正当化的作者所想要获得的效果），但我们不需要走那么远。在乏味的人类世界中就有简单的证据能证明这种思维方式的前提——当前社会秩序自然合理且应该得到接受——是完全错误的。

正如本书第一章讨论的那样，人类的大脑从感知到的情况中收集神经反馈。但因为大脑非常容易受影响，因为大脑具有极强的可塑性，所以大脑倾向于简单迎合受到期待的刻板印象——以避免遭遇后坐力。但当刻板印象或期望改变时，人类大脑也会随之改变。

再说一次，不是我们大脑的固定属性塑造了我们周围的世界，而是我们的大脑在依据周围世界提供的线索做出反应。因此，外部世界中不断变化的刻板印象和期待可以对人的大脑产生巨大影响。

1990年，心理学教授珍妮特·海德及其同事分析了当时的数百万份测试，发现高中学生的数学成绩存在性别差异，男孩略高。这证实了"平均而言，男孩数学更好"的刻板印象。但当时，在高中学习高等数学的男孩多于女孩，学习化学和物理的男孩也多于女孩，这些科目都教授与数学相近的问题解决技能。换句话说，女孩没有得到同等程度的训练。细微差别有可能是能力差异引起的，也可能是兴趣和训练导致的。接下来的几十年里，社会文化的刻板印象发生了变化，开始有项目鼓励女孩参与她们以前没被鼓励去上的STEM（科学、技术、工程、数学）学科课程。到2008年，在初次调查的20年后，海德和生物化学家、分子生物学家珍妮特·默茨重新调查，发现差异消失了。[20]女孩和男孩在数学上同样有天赋。

这一结果强有力地证明，数学成绩上的性别差异并非与天赋或"先天""不可变"的因素有关，而是与可变的社会文化因素有关。总的来说，一旦外界输入的信息发生变化，学校及其教职工不再向女孩传递她们不如男孩的信息，她们就和男孩同样擅长数学了。

如果接受现状并将之合理化，以现状本身作为现状正确性的证据，那么上述令人激动的差距缩减现象就可能会受到限制。我们为什么要阻碍这种进步呢?

我母亲的两个哥哥去了剑桥大学学法律。当我母亲以高中同等学力毕业时，她想遵循家庭传统。但她父母告诉她，女人不能上大学，于是她旅行，结婚，生了三个女儿，过上了幸福的生活。但当我父亲意外早逝时，缺少大学学位明显影响了她的经济能力，让供养她自己和我们这些还在学龄的孩子变得更加困难。尽管她养活了我们所有人，但如果她早年间能获得与哥哥们一样的机会，养活我们的钱只会占她所能赚取薪水的一小部分。她是我认识的最积极的人，她从未再婚，一直工作到70岁，因为在此之前她的经济情况不允许她退休。

这个家庭故事说明女性天生不擅长法律，天生不够理性或天生不擅长维持收支平衡? 不。这个故事反映了这种世界观从根本上改变了很多女人的社会经济环境与最终经济状态。如果不真正移除这些障碍，我们就无法正直、诚实地讨论两个群体的固有差异。

就算不提个别例子，很多父权支持者的理论中也有基本逻辑缺陷。如果像达尔文相信的那样，物种进化是为了活得更久，那么男人就会进化到集体模式，因为这能带来更长的寿命。如果人类的适应和进化是为了活得更久、更好，那么男人就不会被迫表现出伤害自己、缩短自己寿命的攻击行为。从进化的角度来看，能繁衍兴旺的男性是那些可以照顾好自己，过着与人连接、有同理心的生活，有着幸福的关系，能关注和理解自己和他人情绪的人。

类似这样的变化在很多层面上都更有意义。自2014年起，美国人[21]的预期寿命一直在下降，特别是美国男性[22]，这在很大程度上是因为与酒精、药物滥用和自杀相关的绝望之死的死亡率上升。[23] 其他发达国家并没有同样出现预期寿命下降的现象。虽然很难确定全国死亡率上升的准确原因，但缺少系统和群体层面的社会支持显然使这一问题进一步恶化，将情绪和软弱联结在一起的大男子主义信念也是如此。男性拒绝承认情绪，更不会处理情绪，这给我们的社会造成了巨大的损失，因为这不仅给他人增添了额外的工作，而且很大程度上威胁到了男性自身的生存。

与杰夫不同，前战地记者吉米觉得性别标准不会导致男人没有情绪，他认为性别标准要求男人修正情绪，以符合特定的男性气质。他认为能得到接受的情绪是"愤怒、急躁、沮丧、傲慢、支配、强硬、鲁莽、大胆、自信"。他已经证明这些情绪全部无法帮助他理解和处理自己的混乱状况。

"我所看到、我所经历、我无法谈论的那些事，在情绪上撕碎了真实的我。报道战争可能是我这辈子做过的最糟糕的事，但我选择报道战争是因为它能再次承认我认为自己缺少的东西，你懂的，男性气质。"

在外人看来，吉米往返于冲突地带时，似乎已达到了男性气质的巅峰。他凭借情绪和身体的力量，以巨大的勇气，揭露了全世界的暴行与纷争。但吉米和我谈话时完全不会有男性气质巅峰的想法。这个时期能让他想起的，只有无法与自己内心感受形成联系的无能感。"我的男性'编程'不允许我照镜子，不允许我看到自己身处痛苦之中——我的情绪和身体都很痛苦。"

让杰夫完全压抑情绪变化或者至少让他无法公开承认能意识到自己情绪变化的那些性别期望，也阻碍了吉米为自己做情绪劳动。"我没有照顾自己的身体，而且我确定我绝对没有照顾自己的情绪。我没有积极处理我所看到或经历的事情，我没有和朋友或同事说，也没有和妻子说，我没有去做心理治疗，我没有处理自己心灵的问题。因为那时我觉得，如果我在面对自己遇到的事情时做了这些工作，就是承认我完成不了，我应付不了，我不够强或不够好，做不了那种报道。"

吉米将这种自我审查与更普遍的问题联系起来，即使其他男性不需要去战场，他们也都需要面对这种问题。"我认为男性气质的危机来自情绪表达的范围受限。我认为这对包括我自己在内的所有男人都适用。我认为我们如果表达出更完整的、全人类都有的情绪，就会受到惩罚……我认为就是因为我们在表达更完整的情绪时，得不到支持或鼓励，甚至还会被认为不够男人，所以才会有危机。"

宾夕法尼亚大学"男孩女孩生活研究中心"负责人、心理学家迈克尔·赖克特告诉我，在当前气氛下，男人阻止自己识别、表达或分享愤怒以外的感受不足为奇。他说："太多男人因表现出脆弱感受而受到惩罚或被残忍对待。"这些文化上强制执行的规范相当于要求男人和男孩"与自己的心切断联系"，这种机制从童年就开始运作了。

他说："刻板印象毒害了父母、教师和教练，导致我们忘记了男孩也是与他人相关联的。"他尖锐地指出男孩与女孩一样需要人际关系，这意味着他们的大脑需要同样多的联结感和归属感才能得到发展、茁壮成长。但我们身处的世界并不向男孩提供他们所需的东西，我们身处的世界仍然相信亲密关系对男孩有害，而且相信母子关系尤其有害。其中部分原因来自已被证伪的恐同观念：与母亲关系亲密、有良好情绪素养的男孩，不会成为异性恋（这违背了男性框架的第五个要素）。

妈宝男的荒谬观点令人心碎，赖克特说："考虑到大多数家庭的情绪劳动分配，母亲是最可能接纳男孩情绪的人。"如果让母亲觉得为了孩子好，要和孩子保持距离，她儿子就可能会陷入没有人可以讲话的境地。我们不仅需要鼓励父亲在家里做更多包括陪伴孩子在内的情绪劳动，而且必须停止否定年轻男孩的完整人性。

"我认为对人类来说，情绪是非常基础且重要的一个维度，以至于如果所有人都限制和否认这件事，那我们就从男孩的生活中切走了非常大的一部分。我们都是情绪动物。我们体验情绪，在关系中表达情绪。如果我们不为男孩提供安全的人际关系，允许他们诚实对待自己的内心世界，那他们不安的紧张和压力就会渗透出来，影响他们的行为。"

对吉米来说，缺少情绪劳动造成了多种形式的破坏。其中之一是婚姻失败。他将其直接归咎于自己的固执，当时他既不肯为自己，也不肯为他人做情绪劳动。同时，他在工作中所目睹的——对女孩的性奴役、作为战争武器的强奸——对帮助吉米找出并质疑性别规范有意料之外的效果。他敏锐地感到自己冲向了一个临界点。这个临界点于 2008 年秋在刚果（布）东部出现了。那时他宿命般地为 ABC（美国广播公司）报道该区域可用的精神卫生资源和社会心理资源匮乏的情况。当地人遭遇了大规模集体冲突的创伤，但整个国家只有一位心理学家。

一次采访成为转折点，让他重新与自己曾拒绝处理的情绪产生了联系。"我遇到一位生活在妇女庇护所的女人，她 20 岁，曾多次遭到轮奸，孩子们在自己面前被杀害，孩子们的父亲也被杀害。与她互动，采访她，和她交谈，在某种程度上砸开（打破）了我一直维持的厚壳。我曾借用这层壳，让自己习惯我所看到和经历的事情，让自己习惯我所应对的事情。我承载了这么多创伤与痛苦，而与她互动时，这层壳裂开了。"

吉米返回家乡，翻开了新的篇章。他辞去已经干了八年的新闻工作，建立了一个叫"男人站起来"（Man Up）的非营利性组织，主要关注男人可以在性别平等的世界中扮演什么样的角色。但他也患上了严重的身体疾病：他心脏病发作，肾脏衰竭。他花了四年做透析，等待肾脏移植。如果还要一个明确的"慢下来，多关心自己，恢复常态"的信号，这就是了。

多年后，吉米已成为笔耕不辍的作家与演讲者，倡导种族和性别权利，特别是倡导男孩和男人要为了自己和周围人的健康打破性别规范。在我采访他并撰写本书期间，他是纽约性别平等委员会唯一的男性成员。他也是一名父亲，是男孩和男人的指导者，他常坚定地谈论自己的各种情绪，远远超出他所列的男性气质可接受的情绪范畴。

我采访了他三次。其中一次采访时，他告诉我，他并不拒绝男性气质这个想法，他只是觉得，男人应该个性化地定义男性气质。"我希望我们可以认为被称作男性气质的这个东西是没有原型、没有定义的。你可以创造自己独一无二的男性气质。你可以是同性恋，你可以高，可以矮，可以胖，可以性冷淡，什么都行，你仍然是个男人。一切取决于你自己的定义。"

为什么男人会觉得很难自己决定自己的身份？为什么我们否认他们的脆弱性？事实上，与让女人获得权利，挑战社会对女性气质的规范相比，挑战男性气质规范，让男人以自己的方式定义自己，更具威胁性。这个体系要依赖男性具有侵略性和支配性的固有错误观念维持其合理性。

赖克特对此直言不讳："我们更严格地遵守男性气质规范和男性发展规范。这有各种理由。没有一场运动比得上倡导男性自由表达情绪，倡导挑战刻板印象的女性运动。而且，我认为有必要指出，典型男性身份的再生产是我们社会组织中更核心的部分。"

在我们的社会中，女性身份不是主导力量而是追随力量，所以人们认为女性身份是次要的。"男孩用自己的语言将自己定义为男人，从而获得权力，这个想法对预测再生产过程太具威胁性。"赖克特说。她指的是学术意义上的再生产——社会组织形式从一代人复制到下一代人。

其结果是明显缺少男人的性别革命。随着时间推移，越来越多的人不再相信"女人天生具有集体和情绪属性，而男人天生自私且理性"的观点。包括表现得更有竞争性、更利己在内，女人已缩小了两性在更男性化行为上的差距。但另一边，男性却并没有缩小女性化行为上的差距。[24]

在一定程度上，这可能是因为我们贬低了女性化的特质、活动和工作。在这点上，文化和制度还没有发生足够的改变。如果"女人的工作"被视为更没有声望、更不需要技巧、更卑微或更不重要的工作，那么男性就不会有太强的动机离开传统领域从事这些工作。而另一边，很多女人寻求向上流动，也是受到了男性化工作在文化和制度上具有更高价值的激励。

坦率地说，我们的性别革命或许成功帮助部分群体的女性获得了她们母亲无法获得的机会，但在改变有关价值的文化规范上非常失败。目前来看，这一疏忽不仅严重，而且致命。

在这种情况下，如果我们不坚持重新评估性别角色与工作，而是让女性去寻求更多男性类别的机会，那么仍然会有大量女性被迫以廉价或更糟的方式进行必要而无形的情绪劳动。否定男性的基本人类特征，例如认为男人没有情绪或认为他们不需要相互联结的人际关系，对他们来说也很不幸。强迫男人过度阳刚会迫使他们做出威胁我们所有人的破坏性行为。

Promundo 的研究显示，就英国和美国男性的自我报告来看，强烈认同男性框架七个要素的男人，比不这么想的男人更可能亲自实施身体霸凌或网络霸凌行为，并且认同男性框架的男人实施性骚扰的可能性是不认同者的六倍。同时，认同这些要素的男人也更可能遭受暴力，更可能出现酗酒等毁灭性行为，更难拥有亲密的人际关系。[25]

最紧迫的是，在美国，40% 认同男性框架七个要素的男人近期有自杀念头，而不认同男性框架的男人只有 17% 近期想过自杀。这是个令人不安的统计数字。美国自杀预防基金会的数据显示，2018 年死于自杀的男人是女人的 3.5 倍多。自杀风险最高的群体是中年白人男性。否定男孩和男人的情绪对他们非常有害，有时甚至会产生致命影响。

反之亦然。越来越多的研究发现，与家庭、朋友和社群有更强联系的男人，比没有这些联系的男人更幸福，身体更健康，活得更久。哈佛大学的研究者进行了两项具有里程碑意义的研究。他们追踪了几百位有权有势和缺少权势的男性，从他们青少年时期一直追踪到其生命尽头，发现相互联系、高质量、积极的关系与长寿有很强关联。

该研究的领导者之一，哈佛大学医学院精神病学教授罗伯特·瓦尔丁格博士在该主题的 TED 演讲上说："那些在 50 岁时对人际关系满意度最高的人，在 80 岁时也最健康。"[26] 良好的关系不仅有利于男人的身体健康，还能守护他们的心理和情绪健康。瓦尔丁格在《哈佛大学公报》一篇名为《好的基因很不错，但快乐会更好》的采访中说："关系中的幸福程度对我们的健康有很强的影响力。"[27]

将男人视为完全理性、没有情绪的人，使他们无从获得积极、相互联系的关系，也减少了他们在地球上生活的时间。就目前的情况来看，女人在承担让男人活下去的责任。

我采访过的很多女人谈到，比起男性伴侣的心理健康，她们更担心伴侣的身体健康。这些女人的伴侣有家族病史，尤其很多人家里还有心脏病史，但他们拒绝调整生活方式，拒绝进行预防性护理。于是，预防性护理被留给女人来做，她们要试着以隐蔽或直接的方式照顾伴侣。

克里斯特尔谈到她的伴侣有 1 型糖尿病，需要每天注射胰岛素，密切监测血糖。克里斯特尔的伴侣经常"忘记"及时按处方补充药剂，导致她要在最后一分钟拼命赶去药房。如果不进行治疗，1 型糖尿病可能会导致视力丧失，肝脏和神经损伤，以及很多其他严重甚至致命的后果。经历了可怕的医院之旅后，克里斯特尔最终完全肩负起为伴侣准备药物、检测健康的责任。只要伴侣能活下去，被当成唠叨的人似乎不是什么很大的代价。

这是一种男人常做的男性化行为，女人太熟悉了，这种行为迫使女人付出极大的情绪劳动，以弥补另一方在情绪健康、整体自我照顾和交流上的匮乏。

女人之所以做这些事，不仅是因为她们觉得社会训练自己去做这些事，还因为她们知道，就像哈佛大学的研究中发现的那样，男人的健康依赖于此，男人的生存往往也依赖于此。社会训练我们理解群体的重要性以及周围人健康的价值，所以我们做这类工作，以和那些不会为自己做这些事的人达成平衡。

丧偶死亡率的文献在这一问题上很有说服力。过去几十年面向异性恋的研究发现，比起失去伴侣的女性，失去伴侣的男性会面临更大的死亡风险。考虑到男人仍更倾向于从经济上支持伴侣，而女性更倾向于从情绪上支持伴侣，这些研究的结果表明，在情绪劳动和金钱的交换中，对生存而言更重要的是情绪劳动，而不是金钱。[28]

2014 年的一项研究发现，与妻子非意外死亡的男性相比，妻子意外去世的男性死亡风险会提高 70%。[29] 相反，是否能预测到丈夫的死亡，对女人的生存率没有影响。该研究的作者艾莉森·沙利文和安德鲁·费内隆写道："本研究结果可能反映了这样一个事实，即相比女性，男性从婚姻中得到更多社会支持上的益处，因此可能更难适应新情况。"

我们现在告诉女孩，说她们可以成为任何自己想成为的人——从宇航员到深海潜水员——但男孩的选择还没有得到拓展。对男人来说，男性特质仍被视为不可更改的、优越的特质。"当谈及男性属性时，我们会说生理习性是命中注定的。激素和睾酮统治一切。他们接收到的就是这样的文化信息。我们生来如此。我们是性掠夺者，即使研究表明这些流言是错误的。"心理学家迈克尔·赖克特告诉我。

我们应当认定情绪劳动具有很高的价值，一直有证据能证明情绪劳动的价值。同时，我们还应当给进行情绪劳动的人更高的地位，无论是在市场内还是市场外。但由于我们的社会仍持有过时且缺少基本逻辑的价值观，情绪劳动仍被忽视，仍被低估。

如果情绪支持和社会支持类的活动不只有利于人的生存，还能帮助人们活得更好、活得更久、活得更健康，远超金钱所能做到的事情，那这种活动不应该被视作价值的终极创造者，甚至终极价值本身吗？

价值真的应该简单地以美元衡量吗？时间不是也能用来衡量价值吗？不只是每天在特定活动上花了多少小时，还包括一个人一生中能有多少年充实、快乐、不受不必要的精神和身体疾病困扰地生活？不该以此来衡量真正的价值吗？

对记者吉米·布里格斯来说，改变未来的唯一方法在于倡导"共情"这种情绪劳动。"我们都需要释放自己的情绪。"他说。吉米告诉我，现状令他心碎，特别是他自己所在的黑人群体，黑人男性即使是在最痛苦的时期，也很难有机会完整体验自己的情绪。"我去过很多死于暴力或自然疾病的人的葬礼。我看到人们劝阻男性'不要哭泣，不要悲伤'，而与他们相对位置的女性则被鼓励这样做。"

"作为更可能被剥夺公民选举权的人，作为受到压迫的人，我们尤其应当懂得创造性别平等的必要性——这是为了每一个人。"吉米说。

"如果我们不解决这种有毒的男性气质——这种男性气质的八度音阶——这种不允许我们完整表达情绪自我的东西，我认为情况还会变得更糟。我们自己的内心世界和外部表现都会受到更多限制。"

我们真的想继续生活在比起合作、联系与爱，更重视攻击、切断联系和支配的世界中吗？即使这个世界很荒谬？即使这个世界已不只吞噬失败者，还开始吞噬我们以为是赢家的人？

吉米说，他认为白人男性至上主义，就其本质而言，是反共情的。这一事实会威胁每个人。

"如果没有共情能力，你就很难在他人身上看到人类生来就有的尊严、价值和权力。因此，你越是不会共情，就越不愿承认，女人明显有权要求你所拥有的任何特权与公正。"

强行阻止人们共情，特别是强行阻止地位最高的那些人共情的世界，为自己的野蛮行径提供了辩护。在这个体系下，你共情越少，人们就会觉得你拥有的权力越多。但仔细看，看看细节，所有反共情的行为都说明权力的承诺空洞且有破坏性。仔细看看细节，你会开始重新思考对权力与价值的看法。

第七章

情绪市场：
恢复情绪劳动的
客观价值

价值

1月的一个下午，某位业内熟人发给我一条友好的短信："刚刚在收音机里听到一个故事，讲有个女人通过拥抱，每小时赚80美元。你说这是情绪劳动吗？"

"我觉得是。"我回答。我又多想了想。拥抱是一种情感表达，不在乎原因是拥抱者喜欢，还是想让得到拥抱的人开心，抑或通过拥抱赚钱。这是非常教科书式的情绪劳动。我随后补充："现在有时薪得体的情绪劳动了。"

"哈，真的。"她的回复显出一丝沮丧。虽然有时我的熟人和受访者声称自己对情绪劳动感到非常自豪，但基本上，一旦他们明白了情绪劳动是什么，就总是会对它不受重视、受到低估、受到忽视的现状感到恼怒。付费拥抱？你可能觉得不舒服——你怎么能卖掉像拥抱这样神圣的东西？甚至发出嘲笑——得是多孤独或者多可怜的人才会去买拥抱啊？但拥抱以这种方式进入市场，至少终于能说明给予和接受拥抱，非常有价值。

但为什么像付费拥抱这样无伤大雅的事情也有新闻价值呢？尽管我们在性别规范方面取得了进步，但用类似爱与关怀的事物交换金钱仍会让我们感到不舒服，进步的圈子也不能免俗。爱与关怀在这里的表现就是拥抱。我们往往认同下述道德观点：由于爱非常重要、不可替代、非常宝贵，所以不能给它标上价格。爱是无价的。

这种论证思路往往会更进一步，认为给任何接近爱与关怀的行为标上价格都会玷污这种行为，使之变得虚假甚至肮脏。但费用无处不在，正如我们在第一、二、四章中看到的那样，这种资本主义的谎言之一，就是女人的工作要么不值钱，要么太贵重，以至于无法计量，而付费就是亵渎神明。

可见，针对情绪劳动是否应该获得报酬，以及应该获得多少报酬的讨论自21世纪10年代中期进入主流后，就一直广受热议，这并非没有道理。推动对话的很多人来自性产业，他们无须遮遮掩掩以假装体面，他们提供了独特、诚实的观点。

性工作者莉莉丝向我解释说，情绪劳动是她工作的重点，而不是身体行为以外的补充。莉莉丝曾在得克萨斯州做过很多年自由职业的"施虐女王"。但由于性工作在当地仍然不合法，她最终难以承受对缺少合法职业地位的安全顾虑，被迫放弃了这份工作。莉莉丝说，虽然她确实掌握一些小众技术，例如绳缚（一种源自古代日本用绳子捆绑的艺术），但从一开始，她工作中的大部分内容就是心理和情绪劳动，只有少部分是性行为。得益于成长环境，她很容易达成这份工作中的主要要求。"我是南方女人，"白人莉莉丝解释说，"我很会表达情绪。"

莉莉丝的工作流程很简单。她在网上登广告宣传自己的服务（在 Craigslist 网站或 Backpage 网站，现在已经撤下了），然后在公共场所花一个小时与潜在客户见面。如果见面顺利，她没有被吓到，顾客也证明了自己能支付费用，她会继续在时间表中安排一个小时的施虐活动。见面是免费的，但后续一小时的活动定价1300 美元，不可议价，回头客也不行。

她在与潜在客户初次见面时，总是打扮得很"香草"（表示普通，不涉及 BDSM），以免引人注意。对她来说，这种形式的面谈，起着评估这些男人，对他们的病史和个人经历做详尽背景调查，画出她称之为"欲望地图"的东西的作用。事先进行的调查是一种情绪劳动，使她能充分照顾这些男客户。"我需要彻底了解你曾经得过的每一种心脏问题。我会详细询问有关关节、哮喘、过敏、血压的问题。我必须问得非常琐碎，因为我需要知道界限在哪里。我需要知道某件事是否危险。我认为这也是为了让他们放心。"

在尽最大努力确定了他们的身体健康状况和界限之后，她会转向私人生活，更明确地询问有关情绪和性欲的问题。"你有对象吗？你更喜欢皮革还是蕾丝？你想要角色扮演场景吗？你想要疼痛、捆绑、感官游戏、羞辱吗？或者你脑子里有具体的故事吗？你怎么解决自己的性癖？你想要什么？"

这需要保持中立、不评判的语调。简短的背景面谈有时与心理治疗的谈话相似。这很好，她向我保证：她得到了报酬。"这些男人无法对其他人敞开心扉，他们觉得自己不能。我所做的就是倾听，表达同情、理解、认同和接受。我的工作就是处理往往会让他们感到羞耻的症状。"

莉莉丝完全理解自己情绪劳动的价值。她也完全理解，那些时刻，客户困于自己在社会中的地位与位置，转而向她寻求帮助，希望得到正视，得到接纳，摘下面具展示真正的自己。"他们挣扎着想面对自己。其中一些人完全进入忏悔模式，还会问我，我觉得他们为什么会有那样的癖好。"

一旦搞清了"他们的性癖范围"，她会与顾客约定一个日期，把一小时预约活动排进日程。活动会在住宅区的公寓里进行。这一小时，她会精心化妆，准备衣物、工具和饰品，给客户最好最完整的体验。预约当天，从开始到结束，莉莉丝都在扮演角色，她的职责是设计能实现这些男人幻想的定制化体验。"我会把他们带进场景，建立强大的权力动态。做支配者很重要的一步是下达禁令。他们为你做得还不够好。"

表演就是一切。莉莉丝发现，尽可能保持安静地进行性暗示，可以唤起客户最好的情绪反应——客户为之付费的反应。"我相信权力最好来自做事而不是说话。我不喜欢大喊大叫，我发现几乎没人想被吼叫。"

情绪劳动也需要随机应变，她始终密切关注客户的情况。"一些客户被捆起来会感到焦虑。捆绑能真正限制男人的行动，这时你需要快速把他们解开，以免他们惊恐发作。"

对莉莉丝来说，表演情绪可能很容易，但她自己并没有进入幻想，她知道这都是表演。有些时候，一些客户的意愿会让她有忍不住突然想笑的冲动。如果是在预约活动进行中，正在为客户营造场景气氛时想笑，她会遮住对方的眼睛，这样万一她嘴角翘起，露出真实的笑容，破坏了情绪劳动，他们也不会注意到。

她发现这些过程有智力上的乐趣，她告诉我这是"一扇我无法以其他方式看到的人性之窗"，而且她注意到，出于工作需求，她同情他人的能力有所提高。但她也清楚这个过程不能给自己带来真正的快感。归根结底，她这样做是为了获得报酬。

使"情绪劳动"这个词为学术界以外所知的原因之一，是情绪劳动者以不客气的方式为自己的劳动索要金钱。2015 年春，出现了以 #GiveYourMoneyToWomen（＃把你的钱给女人，简称 #GYMTW）为话题标签的即兴网络活动。情绪劳动作为有力但被抹去的工作形式，成为这场运动的核心。与 #GYMTW 同时期出现的同类标签还有 #PayPalMe（＃转账给我），这个标签最初是黑人女性在用，后来扩展到其他女性。被迫向推特等平台关注者解释自己受到的压迫的女人用这个标签来声明：要让她们参与辩论，除非先在 PayPal 上为她们的智力劳动付费。

由窈妍·洛德丝、芭铎·史密斯和劳伦·琪尔菲·埃尔克创建的话题标签 #GYMTW 则更进一步，邀请女人给男人发自己的 PayPal 收款码，哪怕他们只是在网上向她们寻求最轻微的关注或能量。

洛德丝和史密斯来自性产业的小众市场：金钱控制，BDSM 的一个分支。这种性癖涉及这样的交换：在类似假扮经济勒索的互动中，男客户——有时被称作"ATM 奴"——提供金钱给担任主人的女人。

有这种性癖的男人向女人交出现金，或转账给女人，但只想换取基本的承认。他们甚至可能会让几乎完全陌生的女人使用自己的银行账户，以此作为互动的第一步。[1]

这种情况下，男人不再使用莉莉丝的绳索捆绑，而是通过在产生联系前失去金钱来达到放弃权力或请求羞辱的目的。上交金钱是男人参与互动的条件，而不是互动结束的标志或服务的收据。实际上，这比钱更能给他们带来什么，那就是让传统权力动态发生了根本性的逆转。

作为顾客，我们习惯于在服务结束时付费。服务员在顾客离开后拿到桌子上的小费，护士在工资周期结束时得到已完成工作的报酬。在互动之初就给女人经济权力，是故意将权力从要求服务的人转到提供服务的人身上，这与女性已被迫习惯的方式正好相反。

#GYMTW 使所有女人重新评估自己在互动中的价值——无论是偶然互动还是亲密互动。女人意识到，她们可以通过预先要钱，让更多的人清楚地看到她们所做工作的真正价值，而不是只能用自己的注意、情绪劳动和支持性工作换取不稳定的报酬，或让它们被视为理所当然。

这种雇佣规则的反转说明女人可以按自己的原则行事，不欠男人关注、礼貌或情绪劳动。除非其真正的价值得到承认——在这里是通过金钱得到承认，否则她们就可以不提供关注、礼貌和情绪劳动。这种常规流程的反转迫使通常受到期待却被无薪压榨的情绪劳动与注意工作为众人所知，其转变得有多彻底就有多令人不安。

"创建这个标签不是因为父权制工资系统下我们需要得到更多报酬，或者我们'想要不劳而获'。这个标签是在讲，人们没有为自己想要或渴望从我们身上得到的东西支付报酬，而现在我们为其标上价格。"标签创建者劳伦·琪尔菲·埃尔克在 2015 年《模型视角文化》杂志的采访中说。[2]

"如果你总览一下女性都为社会做过什么，你会发现在金钱方面，这些事情要么没什么价值，要么完全没价值。"共同创建者芭铎·史密斯说。她指出，从性工作到情绪劳动在内的大量女性化劳动总是遭到嘲笑，并且女性太过经常在受胁迫的情况下廉价或免费提供这些劳动。

依据她们三位的理论，白领职场有可能获得解放，但她们拒绝采用男性化的方式获得权力——与著名的"向前一步"女权主义者所做的事相反。她们要求女人和其他处于女性角色的人反观自身，找出自己已有的权力。如果她们能正确构建和使用自己的权力，社会上其余需要权力的人就必然效仿。

#GYMTW 运动不只对在性产业工作的女人有意义，也与所有女人和被期待甚至被要求提供注意与情绪劳动的男性群体有关。该运动开始几个月后，杰斯·齐默尔曼在网络图书《吐司》(*The Toast*)[3] 中幽默地表达了她对这场运动的效果有多满意。她写道："看到 #GYMTW 运动开展真是很美妙。男人很生气，然后女人向他们解释，如果想要让愤怒得到承认，他们就得付钱。"

齐默尔曼的文章在 MetaFilter 社区上疯传，引发了几千个投稿[4]，她半开玩笑地建议，我们可以考虑列个情绪劳动菜单，给每项劳动标明价格。"在你哗众取宠时理你，50 美元。假装觉得你很迷人，100 美元。安抚你的自尊心以免你生气，150 美元。在你讲别人的笑话还讲得很差时假笑，200 美元。把你当五岁小孩给你上女权主义入门课，300 美元。听你对'婊子'的抱怨，价格不设上限。"

这场性工作者领导的运动最终颇具煽动性地打破了公共与私人的界限——它要求我们承认情绪劳动的存在，承认情绪劳动有生命力，它坚持让我们看到，总是无法获得报酬的情绪劳动不仅是工作，更是值得为之付费的事物。为情绪劳动付费也打破了性工作者与认为自己不是性工作者的公民之间的界限。毕竟，难道不是很多人都在从事这种工作吗？难道不是大家都得到补偿才算公平吗？那么多人关心恋人、伴侣和朋友，帮助他们获得幸福，我们真和莉莉丝有什么不同吗，除了我们没有每小时 1300 美元的补偿？

也许有些出人意料，#GYMTW 的三位创建者是来自非特权背景的有色人种女性，但让她们获得这场运动灵感的，是一篇详细介绍了纽约上东区非常富有且绝对处于优势地位的白人家庭主妇生活的文章。

这篇名叫《贫穷的小富妇人们》(Poor Little Rich Women)[5] 的文章在 2015 年春发表于《纽约时报》，作者是人类学家温斯蒂·马丁。文章描述了曼哈顿精英阶级退步的性别规划。马丁与她们一起生活后，就该主题写了本书，描述了这些女性育儿的热情，描述她们将世界级研究生层次的教育仅用于大量无薪活动——从担任董事会成员，保持完美身材，到像 CEO 一样经营家庭，参与育儿竞争。她写道，她与之互动的这些女性有着丰富的资历，可以工作，但她们告诉她，自己选择不工作，这导致她们因经济上依赖工作的丈夫而被紧紧束缚在丈夫身边。

这篇文章之所以没有让读者没有眼都不眨就合上报纸，是因为里面有这样一个细节：她所采访的没有正式工作的特权阶级女性期望获得年终主妇奖金。马丁写道：

> 她们告诉我，主妇奖金可能在婚前或婚后协议中鼓

定，数额多少不仅要看丈夫的财务状况，还要看妻子的表现——家庭预算管理得怎么样，孩子是否进入"好"学校——和她们丈夫在投资银行获得奖金的方式相同。反过来，这些奖金可以让妻子获得一定的财务自由，并顺利混进社交圈。这里的社交不是只要去吃午餐就够了，而是你要花10000美元请一桌人参加朋友主持的慈善午餐会。

没有得到奖金的女人开玩笑说可能自己在性事表现上没有完成指标。得到奖金的女人则往往在被迫进一步讨论时退缩并表示反对。这证明了一位人类学家所说的，禁忌话题承载着丰富的文化含义。

这一细节在媒体上掀起热潮，引来了震惊和嘲笑，当然，还有后坐力。主妇奖金女人成为精英女性堕落的代名词。

但按我的观点，这些批评搞错了对象。这些富有的家庭主妇似乎取得了某种进步——即使是在私人领域工作，她们也得到了报酬。尽管她们来自上流社会，但这种制度回应了过去50年间女权运动者几乎被遗忘的口号：要求人们认识到女性化工作是创造其他财富的基础。[6]

奖金制度的问题不在于其存在本身，而在于评价能否获得奖金的标准不受监管。评价指标中还包括性，这利用了性的禁忌特点让金钱与劳动的交换标准无法公开。这反倒说明这些女人相对而言被剥夺了权力。她们真的需要工会。令人担心的不是支付报酬，而是权力失衡，这让女人仍旧处于任由挣工资的丈夫摆布的地位。

该奖金制度有待改善的另一点是其只存在于精英阶级，这使它很容易受到嘲笑。但实际上，各个阶级、各类人口都需要重视这些私人领域的女性化工作。我们需要宣传推广给家庭主妇发奖金的想法——虽然不一定是发年终奖，可以采取不同的形式——而不是出于虚假的愤怒使之重回地下。

这种交换，及其暴露于公众视野中时收到的反应，体现了情绪劳动在道德、社会和经济上的特点，也展示了为什么很难改变人们协商的方式。除非我们充分正视这种交换，否则就无法改变围绕它的社会和经济契约。如果我们继续认为这种女性化劳动的交换令人反感甚至不合法，继续将其掩盖起来，那同意与胁迫的界限就会继续模糊，这种气氛很容易遭到滥用。

我采访的上东区女性克莱尔说，虽然她完成学业时同意了这一规划，但她最初觉得，在经济上依赖律师丈夫这件事既"讨厌"又"怪异"。她承担了大部分情绪劳动和家务，她解释说，由于丈夫提供了经济支持，自己不愿意与他进行任何冲突性对话，不愿意提出任何问题，也不愿意反对他的行为模式。"他给我自由作为礼物，所以我不想改变现状。"但当她第一次有了孩子，成为母亲这个备受赞誉的女性化角色时，情况就变了。她将一个完整的人带到了世上，她是这个孩子最重要的家长，现在她本就真实存在的劳动成果有了形体。"我感觉自己又恢复了一点力量。"

她所谓的丈夫"给"自己的经济"自由",与她在关系中缺少权力的地位息息相关。该交换的秘密性使得丈夫可以用金钱买到她的屈服。而真正欣赏赞扬女性化劳动则会赋予她权力。

卢与一位年长的男性是情侣关系,这个人的收入远超过他,并为他们两人支付租金。卢对伴侣提出的冒犯性交换感到很生气。卢承担了很多家务,而且认为自己是照顾者,这符合他们关系的状态。他仍保持着身体和人格的完整感,但有时这种完整感差一点就要被打破了。

有天,他的伴侣史蒂夫谈起他们日渐衰落的性生活。"他说,'我不知道你怎么看待这种做法。房子不会自己付租金。你看,我需要些回报'。"

"他说得很奇怪。"卢回忆起这件事,"但我知道他是什么意思。"史蒂夫想要性,想要更多的性,并且认为付房租的人可以对接受住房的人提性要求。卢拒绝了。这影响了他们的关系,也打击了卢的自尊心和身体自主权。

在金钱与女性化劳动仍处于对立状态的体系中,带回更多钱的人很容易肆意要求对方提供无尽的女性化劳动,包括胁迫或近乎胁迫的性。女性化劳动的界限不明确,且存在某一方要将另一方的感受放在首位的期待。这些可能会导致对情绪劳动的要求不断增加甚至超过同意的范畴。

在重视情绪劳动和其他女性化劳动的新的社会与经济契约中，女人和其他女性化任务的执行者所做的工作会是合法、公开且受到认可的。她们的工作也会有更明确的定义，对工人也会更公平。这样的系统，使得她们的工作在能满足他人需求时或在其他合适场合产生利润，或者能要求互相帮助等其他形式的交换。这样的系统会提供公平的谈判价格与谈判条件，确保要执行或委派的工作清晰、定义明确，因而不会无限增加。

会有充分的工人权利，确保人们不必担心伴侣随心所欲的突发奇想和客户的冲动，也不必害怕遭警方镇压或逮捕。当情绪劳动者想要获得报酬或取得地位时，不再需要处理从他们劳动成果中获益的人的情绪。如果他们决定不提供，也不会再受到随意的暴力惩罚。

即使随着互联网的普及，一些不平等的性别化劳动压榨形式已经暴露出来，但上述新秩序似乎仍令人感到不太现实。与很多硅谷企业家想让我们相信的不同，新技术的激增并不会魔法般地将我们推向不再有问题的乌托邦未来，用奇异的女性化机器人将我们从系统性的不平等中解救出来。相反，我们的线上形象继续受制于相同的剥削动态。但观察过去线上的相同动态，我们可以更容易地看到是什么创造了价值，是谁创造了价值。#GYMTW的共同创建者之一窈妧·洛德丝对此解释如下：

脸书、推特、Snapchat、Instagram 等主流社交媒体平台利用了女性用户。在脸书上，点开个人主页的大多是男性，而被点开的个人主页大多属于女性。所以我注册了脸书账号，就使我成了他们可以卖给男性的产品。现在这个网站值2500亿美元。同样，夜生活场所也通过女性入场费减免或其他针对女性的营销，将女性纳入商业运作中，从而获得蓬勃发展。

女性是这些机构向男性出售的商品，男性花费大量金钱来到这些场所，只是为了和女性同处一个房间。但我从没见脸书或任何俱乐部因商务拓展服务给我开支票。所以，与其浪费时间替不会付钱给我的公司增加收入，我宁愿用我的社交为自己盈利。

可能对某些人来说，用金钱换取关注、善良甚至关怀、爱和性体验太过愤世嫉俗。回到本书开头的那个问题：我们怎么能把情绪当作工作？有些人甚至将这视为当前的资本主义制度失控的表现，认为我们的资本主义制度越来越追求从一切可能的事物中盈利和赚钱，且在过去50年间步伐日益加快。这种把获得利润当作社会统治形式的经济状态有时也被称为新自由主义。贪婪的欲望会不会不择手段地将一切——甚至感情——变成可出售的财产？情绪劳动是新自由主义横行的标志吗？

这种批评指出了很重要的问题，但却漏掉了一些关键信息。首先，在近现代，钱与感情问题本就是互相交织的。简·奥斯丁1813年的小说《傲慢与偏见》中，班纳特夫人痴迷于未来女婿

"一年有一万英镑的收入"是有道理的。历史学家斯蒂芬妮·孔茨在她的《为爱成婚》[7]这本书中说，人应该为爱结婚的观念在19世纪才流行起来。当时，私人的"情绪"领域开始与公共的赚钱领域分离。在此之前很长一段时间里，婚姻都是经济规划，在父权制系统和过去1.2万年的常规[8]中，女人被当作两个男户主家庭交换的资产。

这个系统的邪恶之处不在于其胆敢把爱和女性与金钱和价值联系起来，而在于这个系统先将女人视为没有人性的物品，然后——当女人获得部分人性时——又完全隐藏她们创造的价值。在更现代的后工业化父权制资本主义中，近代这种将私人领域与公共领域人为分开的思想体系进一步隐藏了女性创造的价值。

本书的重点是给女性化工作以真正的价值，在本书的语境下，女性化工作指的是情绪劳动。这并不是要把女性当作可在全球市场上交换的商品，而是重在强调女性工作创造的价值，重在关注下一步如何恢复女性长期遭到否认的自治权。

有必要阐明爱与经济是完全交织在一起的，因为如此我们才能关注二者交换的条件和真正的价值所在。有关私人领域的情绪劳动，公众至今仍然接受下述观点：如果你真的爱丈夫和孩子，情绪劳动怎么会变成工作呢？如果你是真心出于善意关心他人，又怎么能要求补偿呢？要求金钱、感谢或地位似乎与神圣性相悖。神圣性要求你因为爱，而在道德上"自发"产生这些行为，从而营造让他人幸福的环境。

正如第一章和第四章所讨论的那样，将情绪劳动视为女性自然表现的观点挟持了女人。当然，在虚假的本质主义讨论背后有着完全不同的原因。社会心理学家、社会学家瑞贝卡·埃里克森对我说："家庭始终与权力有关。我的意思是，嫁妆是什么？人们之所以组建家庭，是因为家庭能汇集权力。我们用爱、选择和所有这些浪漫概念来掩盖这一点，但这只是我们哄自己睡觉的故事，事实并非如此。"女性要求得到自己的劳动价值会"具有极大威胁性"，她告诉我：不只能威胁到个人，而且能威胁到社会。

有些所谓的原则立场反对将爱与钱混为一谈，但如果你仔细观察就会发现，市场已经承认可以用情绪盈利了。而且我们通常认为这些情绪的盈利形式完全正常，一点也不觉得有什么道德不适之处。只不过大多数时候情绪劳动不是里面唯一制造利润的。正如第二章、第三章中证实的那样，为情绪付费在护理、健康和服务行业中有所展现。这些行业在我们当今和未来的经济中占极大比例，部分原因是很难令人信服地将人类的照护、抚摸、联系或亲密关系自动化。我们愿意为老年亲属的照护付费。因为我们期待并希望，在为服务付费的情况下，他们能得到良好的照护。我们愿意送幼儿去日托班，或者如果负担得起，我们愿意请位保姆。因为我们想要孩子得到最高水平的照顾。我们会因为医生对病人态度不好，而斥责过于苛刻的医生；我们期待餐厅员工的行为友善，正是因为付了账单或给了小费，我们才有了期待的权力。为情绪劳动付费不会玷污这些服务。

除了我们的经济巨头——这些明显包含繁重情绪劳动的行业，情绪也早就进入了男性化的企业文化，并且因革新性和前瞻性而受到赞扬。在那些企业中，过去私人领域与公共领域之间的界线变得模糊不清，但却几乎没有引起骚动。公司越来越鼓励员工"在职场中做真实的自己"，作为个人而不只是作为员工展现自己。[9]现在，很多企业会对影响员工个人生活与幸福的问题表达立场。他们表达对LGBTQ社群的支持，赞助年度同性恋骄傲大游行花车，像可口可乐和达美航空这样的企业公开反对镇压选民，支持被镇压的美国黑人。[10]新时代职场环境的目标是唤起员工的积极情绪，诱使他们在公司花更多时间，提高生产力。在谷歌，员工可以享受免费餐饮和免费健身课程，还可以带狗上班。[11]

好的工作环境应当乐观、友好，而乐观、友好的环境有助于形成有社区意识、有包容性的空间。这种想法已经扩展到科技公司以外。在职场环境的发展变革中，创造情绪舒适的环境变得越发重要。

在底特律，我逐渐熟悉了一种共享办公空间的文化。这里为来自数十种不同行业，处于各种收入阶层和各个职业阶段的人无限量供应咖啡，每个人都可以随意使用打印机、开放式办公桌、头脑风暴间和会议室。"社群管理者"伊芙琳维持着其中一个共享办公室的运转。她是黏合剂，为完全不同的工作者提供共享办公空间，让共享办公室成为有归属感、能共同分享的社区。她有一种永远保持"开机"的能力：对所有路过办公室大门的人保持迷人、贴心且甜美的状态，她知道谁需要顺顺毛，谁需要振作一点，谁换了新发型。她知道怎样在面对少数行为傲慢、唐突或完全粗鲁的人时仍旧保持礼貌。

通常，她来时会带一个保鲜盒，里面满满当当装着她前一晚做好的美食。烤到浅棕色的巧克力碎片曲奇，或者刚出炉的香蕉面包片，每个上面都点缀着漩涡状的家庭自制糖霜。她把这些零食留在厨房区，放一个标签写明当天的零食是什么，但从不标自己的名字。一天下来，零食一小片一小片地消失，人们拿走一点体贴，一点关怀，一点人类的爱与联系。伊芙琳的本领不可思议，她始终风趣幽默又机敏，还能同时欢迎所有人。最令我印象深刻的是，她的努力看起来毫不费力，虽然也有些天她说自己精疲力竭了，要提前几分钟离开以恢复精力。

伊芙琳基本上是共享办公空间里一切功能的中心。她以看得见和看不见的方式，以有偿和无薪的方式，成为这里最重要的情绪劳动者。当然，还有另一个词可以描述她的身份。"我一直是群体中的母亲。"伊芙琳在采访中对我说。伊芙琳是受薪雇员，但由于社会所有领域都隐藏和忽视这种母性情绪劳动，她的工作价值遭到了贬低。她的收入非常微薄。尽管如此，在这一明显具有现代化、前瞻性特点的工作文化中，她的存在使人安心，使办公环境成为人们能得到治愈的地方，是她的工作招募到了会员。

接受工作中也应有情绪，甚至坚持将情绪融入工作，这些做法说明我们认为工作是最私人的自我的一部分。世界邀请千禧一代倾听自己内心的声音，将之转化为工作热情，从而获得金钱、成就感甚至自由。[12] 现在这几代人会在成年时被告知：找出你喜欢什么，然后你就再也不用工作了。尽管不断有事实证明这句话是错的，但从未有哪个时代，比我们现在更明确地认同工作应与热爱相同，应与热爱融为一体的观点。

除了所谓工作的浪漫色彩，现在，人们也接受雇主审查求职者的私生活。新冠肺炎疫情暴发后，白领们逐渐习惯了每天让同事通过视频电话和会议虚拟地进入自己实体的家中——漫步的宠物和跑开的婴儿成为会议特邀嘉宾。由于社交媒体无处不在，无论在什么行业，人们都期待你维护"个人品牌"，其中也包括最私人领域的"品牌"。对于自由职业者来说——无论是创意经济产业还是其他产业——个人品牌塑造意味着塑造一切。社会期望我们精心打造整个自我，包括公共自我和私人自我，准备好将其包装、配送、受人消费。真人秀节目的兴起最为明显地体现了这一特点，在节目中，人们详尽展示个人生活中的各种变化——从建立家庭生活到找到伴侣，这种展示成了工作，可以售卖。并非所有人都有勇气这样做，但数百万人通过支付流媒体订阅费用和观看节目参与其中。

哲学家伊娃·易洛思说，我们现在处在"情绪资本主义"的时代，在这个时代，我们常用市场逻辑看待人与人之间的交流，而经济活动则充斥着情感与情绪。[13]

但我们何时不在情绪资本主义之中呢？我们私人的自我真的曾与市场分离过吗？或许当下的情绪资本主义状态使二者间并无真正界限的事实变得格外清晰，但很难认为市场交换与个人自我情绪间曾有过分离。

尽管这个问题可能暂时无法厘清，但它触及某种更深层的东西，远比是否赞成付费拥抱，或者如果有机会要不要参加《单身汉》节目深入得多。它让我们思考情绪劳动与货币的关系究竟是怎样的。

就我观察和采访的情况来看，在很多方面，情绪劳动不仅明显有价值，而且有时你会觉得它根本就是货币。不是某一种货币，比如某人只有18岁，但因为认识老板，所以可以进俱乐部的那种类似货币的通行机会，而是在更深层次上，情绪劳动就像是货币这种东西本身。它不仅将所有人团结在一起，而且是一种交换、联系、分配和再分配能量的形式，它让我们行动，让我们存在。我有时觉得，情绪劳动就是价值本身，只不过不一定能明码标价而已。

2020年冬天，我听到了尚卡尔·韦丹塔姆对加州大学尔湾分校货币、技术与金融包容研究所（Institute for Money, Technology and Financial Inclusion）负责人、人类学家比尔·毛勒做的采访。我抽象的思考由此有了焦点。[14]毛勒解释说，主流经济学教育会给我们讲一个非常简单的故事来解释货币的起源——自以物易物演变而来，但大量历史和人类学研究却有不同意见。

经济学课本在解释货币起源时，常引用 18 世纪苏格兰经济学家和哲学家亚当·斯密等颇受尊敬的人的观点。其往往描述一个虚构的小镇，镇上人们已度过了狩猎-采集阶段，开始专门从事生产活动。也许某人开始饲养母鸡，另一个人做了面包，还有人做了门。在这种理论下，如果戴维有一头奶牛，他挤奶，而西尔维娅做鞋，当西尔维娅和戴维都需要对方的物品时，可以用一双鞋交换牛奶。只有所谓双重需求的巧合发生时，他们才能进行这种以物易物活动。但当鞋匠西尔维娅仍需要牛奶，戴维却不再需要鞋子时，就有了问题。西尔维娅如何才能满足需求？主流经济学告诉我们，这时货币就出现了：货币被发明出来以解决两个人不能满意地完成商品交换时会出现的问题。

这个故事令人愉快又十分巧妙，回溯到了我们已经非常熟悉的抽象的远古时期。而该传说只有一个问题，就是它和看起来一样假。这个故事可以解释货币为什么有用，但人类学家、历史学家和比较经济学家已指出，如果用它来解释货币起源，则根本没有证据支持。[15] 以物易物在历史上确有记录，但只出现在人们已习惯了货币却突然被剥夺的情况下，例如，战争或遭到监禁时。

实际上，货币出现前的社会与私有财产、商品或度量单位的关系比我们今日的猜想要远得多。历史学家和人类学家发现，货币系统的前身是象征性礼物系统，送礼在个人与群体间构建了复杂的交换与互惠网络。货币的前身是关系的标志。[16]

毛勒举了一个例子：在新几内亚高地，大贝壳是一个价值很高的物品，可能会有某个人把它送给另一个人，作为两人联系的标志。这个贝壳没有任何固定价值——你不能用贝壳买一头猪——但它可以充当人与人之间存在活跃联系的象征物。它是一个提醒：如果我需要一头猪，而你有一头，因为我给你的贝壳所象征的我们之间的关系，你可能会给我一头猪。人们之间的物品交换成为关系的标志，象征着联系与持续存在、仍在发展的相互关系与债务。

在这种情况下，如果鞋匠西尔维娅需要牛奶，而戴维有牛奶，西尔维娅不需要给戴维一双鞋来换牛奶。她需要与他建立关系，关系会以物品为标志。也许五年前戴维结婚的时候，西尔维娅送给他和新婚妻子一盒自己父亲做的珍贵串珠，以此表明自己家庭与戴维家庭间的持续关系。这意味着她需要时戴维会直接送她牛奶。而接下来，可能作为回报，在戴维有需要时，西尔维娅会送他鞋子，也会出面帮戴维的配偶收割甘薯，如此等等，以此类推。这盒串珠表明他们的关系，将他们与开放式的债务契约绑定在一起。串珠是他们关系的象征，也是他们关系中永久的、共同的借条。这就是货币的前身：关系契约的象征。

这种礼物交换的象征形式留存至今。你可能会在去某人家做客时带盒茶叶，或在他们生日时烤些饼干。然后他们可能在你需要离开镇子的紧急关头送你去机场。在节日期间，你可能会与亲友交换礼物，这些礼物不是为了增加彼此家庭的财产，而是为了表达你们的关系仍会继续发展，并通过双方都感到互惠和开放的双向债务关系表达继续发展的爱与联系。

在远古社会，交换不是进行财富积累或压榨，而是通过不断增强对双方都有好处，能重新分配资源的人际联结，达成社会再生产。[17] 那时，货币的前身是礼物交换，以表明或再次强调人们的联结与关系。我想这是情绪劳动最好的定义，最能表达女性不断向我描述的情绪劳动。

但如果很久很久以前，在与现在非常不同的世界中，情绪劳动本身曾是货币，那到底发生了什么，将它埋藏得如此之深，以至于它很难获得承认，更遑论获得价值、关注或地位？有没有可能情绪劳动仍旧能代表这个系统，只是在建立起更多权力等级制度后，它被推进了阴影？

· · ·

情绪劳动曾得到过重视与认可，甚至还是价值本身。了解到这一点肯定令人振奋，但如今，它也只能鼓舞人心。反过来，我们正生活在情绪资本主义时代这一观点，证实了情绪劳动不仅真实，而且无处不在，但这也并没有减轻不公正待遇造成的挫折感。

今日与过去时代的关键差异不是情绪劳动不再有价值，而是即使社会就在榨取情绪劳动，也不再承认它有价值。而且由于我们不能真的回到货币出现之前的世界，我们只能面对现在的世界。

对某些人来说，市场已成为纠正不公平的地方。女人及所有情绪劳动者的工作都应该获得报酬，尤其是当情绪劳动产生利润或其他利益的时候。显然，除非劳动者创造的价值能得到认可，否则就不算公平。如果我们不想为女性和其他劳动者的情绪劳动付钱，那我们就应该停止期待或强制要求他们进行情绪劳动。

已有一些变化正在发生。自 2015 年"金钱控制"群体启动了 #GYMTW 运动以来，人们已完全接受在各种平台上分享自己的 Venmo、Cash App、Patreon、PayPal 等支付软件收款码，并期待情绪劳动、注意工作和内容创作得到报酬。性产业为我们所有人提供了方法，让我们能拒绝付出让他人得以免费享受并从中获益的费时劳动。

但这些模式只能应用于单个案例，还远不能达成系统性改变，距离让主流社会中的女人得到正当报酬还很远。大多数男人已接受了在 YouTube 和 Substack 这类平台上要钱的做法，这可能在一定程度上消除了直白出售某人劳动的羞耻感。但对女人来说，要求工作报酬所带来的羞耻感仍是我们文化的一部分。

所以，要点是什么？情绪资本主义是件坏事吗？还是因为它能促进人们将女人与价值联系起来，所以是个有用的概念？情绪资本主义是贬低还是解放？

都不是，或者说，都是。我们需要停止将市场当作解决方案或污染源。市场只不过是在精确反映主观价值系统——等级制度和道德。虽然人们常把市场当作社会结构的塑造者，但市场其实只是社会结构的反映。诚然，我们需要克服恐惧，接受爱与金钱相互影响的事实。而一旦克服了恐惧，我们就需要更进一步，仔细观察它们相互影响的方式。我们需要解决它们所反映的，社会对不同人群的差别待遇。

只有这样，我们才能坦率地讨论我们的主观价值系统以及该系统是否需要更新。如果我们否认情绪劳动是需要时间、精力、技能甚至训练的工作，我们就剥夺了情绪劳动者应得的收益。但我们看到，实际上市场承认情绪劳动是能产生利润的工作形式，而我们生活在情绪资本主义状态中。女人的劳动——女性化劳动——一直是我们社会和经济的一部分，而且现在还占了更大的份额。

这直接打破了错误观念，这说明爱与金钱的相互作用并不罕见，不应该被谴责为骇人听闻甚至错误的现象。这样的错误观念只能阻止情绪劳动者索取自己工作的真正价值。

现在，诸如利润、情绪体验甚至时间和健康这样的实际利益，大部分没有流向工人，而是流向了其他个体或公司。压榨性的情绪资本主义对女人进行精神控制，让女人相信自己的工作不是工作，自己的工作没有明确价值，让女人始终为他人创造利润。这种情绪资本主义造成了持续的性别不平等。

这是一种非常古老，又急需解决的不平等形式。

这是市场的不足之处。显然，我们必须更加深入，解决物化女性的问题。在父权制经济中，为维持统治，物化女性问题一直与对女性的劳动剥削密切相关。贬低女性气质没有什么别的目的，它就是将女人商品化的准备工作，让我们可以销售女性化的体力劳动和严重贬值的情绪劳动。贬低女性气质，通过对女人劳动的剥削和否认，保护了男人的自由，而其代价是牺牲了女人的自由。

仔细观察，你会发现，与其说女性被剥夺了进入市场的机会，不如说女性一直被置于市场中心，被用作他人牟利的工具。为我们的劳动定价是打破这种模式的第一步，但只要我们没有被视作完整的个体，没有摆脱次要性别的狭隘行为要求，我们作为女性，就无法获得自由，就永远要在资本主义制度下被人拉皮条。

要解决这个问题，首先应该要求社会完全接受我们的存在——也要接受我们的情绪体验——因为女人与男人同样有价值。接受所有人都同样有价值。接受女性气质并不逊于男性气质。接受女性化劳动能创造权力与价值。接受如果服务是人类基础、必需的一部分，那么我们都应该互相服务。

情绪劳动是强行实施人造等级制度的附加方式，它无处不在，但我们却没有正视它。要向前迈进，恢复其客观价值，首先就要坚持并充分关注情绪劳动。

第八章

情绪不公：
弱者迎合强者的
情绪体验

关注

我们在咖啡店的采访结束时，埃丽卡说了与采访开始时相似的话。"你可以直接用我的名字，"她试探性地说，"我觉得自己没说什么会让我丈夫不高兴的话。我觉得没问题。"

我刚刚再次问她是否愿意公开发表自己的故事。她之前坚持说可以，但有个前提——她认为丈夫詹姆斯不会对她说的事做出负面反应。

我默默想，不知道她是否看到了讽刺之处：采访主要讨论的是有关他们关系的情绪劳动，但在接受完采访后，她首先顺应丈夫的意见和感受——迎合丈夫的情绪。即使做出的是对抗的行为，她也进行了相应的调整。

无论如何，她的言论足以让我立即将她匿名化。我曾采访过一位才华横溢的女人，公开了她关系中看似无害的动态。随后这篇明显是在关注受到忽视的女人的文章惹怒了她的伴侣,他花时间写了封长长的邮件给我,从他自己的男性视角重写了这篇文章。几个月后,他还让那个女人写了封关于他是个多伟大的伴侣、他们的关系有多平等、她有多感激他的信,公开发在自己的工作平台上。

某种程度上,这一事件似乎很荒诞——对涉及茶巾和日程表的普通家庭辩论有这么极端的反应——但另一方面,这说明,女性讲出这些话时,仍面临潜在的情绪危险。[1]受到威胁的权力方有办法维护自己。或许对某些人来说,情绪劳动是个可笑的话题——"噢,女人,讨论情绪,她们现在又想要什么?!"——父权制仍持续存在、持续发展,但毫无疑问,解决情绪劳动中的性别不平等可以动摇其根基。解决情绪劳动不平等能带来的影响远比最初看起来更惊天动地。

让关系或群体中的无薪情绪劳动迈向更平等意味着什么?有什么办法可以多多少少向前迈出一步?对此,有一些事情是个人可以做到的。

第一步是坚持关注情绪劳动和其他私人、无薪的女性化工作,让这些工作为人所知。我们应当将情绪劳动视为一种要求时间、精力和技能的工作形式。不能让人们将情绪劳动当作女性性别的延伸。同样,情绪劳动也不该被视为内在特质的被动表达,例如,不该将其视为有情商的表现。被我们视为情商表现的东西是情绪劳动在发挥作用，我们应该认可并奖赏情绪劳动本身。

下一步是承认社会赖以维系的情绪劳动是有价值，甚至至关重要的工作。这未必要以金钱为回报。你也可以使用非货币的回报来承认他人行为的价值，例如给任务执行者名副其实的地位，表达感激，表明这种工作值得互惠交换，甚至承诺为对方做其他工作。

对寻求更平等关系的夫妻来说，只要能在其他活动和杂务以外，单独划分出情绪劳动的类别，就可以通过计时测量每个人付出的情绪劳动。谁的感受被放在了第一位？谁的体验受到保护？谁为群体利益过滤了自己的情绪？谁占用了空间？对不同职责进行谈判明显也是解决方案的一部分，例如分摊维持家庭或群体幸福的整体责任，或以公平的方式决定由谁承担责任。

持证心理治疗师雪莉·约翰逊说，她经常提醒那些已经在一起几十年的人，重新协商劳动分工或动态永远不迟。夫妻需要保持开放性的交流。约翰逊兼做个体和夫妻治疗，她在采访中解释说，在"顺性别异性恋"情侣中，情绪劳动尤其成问题。她支持前人研究和访谈中的观点：即使是双职工家庭，也大多是女性，或者扮演传统女性角色，不负担家计的人，承担了不平等的负担。

但约翰逊警告说，想获得更好的情绪劳动动态，女人也要放弃"为承担自己开销而进行的强迫性照看"。这位心理治疗师发现，所有经过社会化，承担女性角色的人都有这种强迫性冲动，不论她们的年龄、人种、民族或宗教如何。"执业过程中，我能明显看到女人在承担照看角色上非常有强迫性，而她们自己常常意识不到这一点。这是我们社会中非常根深蒂固的准则。她们甚至觉得自己应该让某人保持开心。这非常有害。"

在咖啡店接受我采访的埃丽卡明确反映，她不仅要工作，要当孩子最重要的家长，还承担了大量个人责任，完成过度的情绪劳动和家务。"那些男人说，'我没要求你这样做，没人在乎孩子的三明治有没有切成小星星'。这总是一种平衡。我有时候感觉很受挫。我一到家，不得不准备洗碗。我丈夫说，'我会洗的，我会洗的'。然后我说，'我知道，但我想开始做晚饭了'。他说，'咱们为什么不订外卖呢？'我说，'我知道可以订外卖，但我要为大家做顿非常好、非常健康的饭。这能让我们保持健康，不会死掉'。"

埃丽卡的情绪劳动体现在任务细节上——她在好看的三明治和让丈夫保持健康预防遗传性心脏病的事务中倾注了体贴。在她看来，有些事比较多余，但有些事也是必要的，哪怕最终她为成年亲友付出的关心比他们自己对自己的关心更多。"我不做，地球也不会停转。"她告诉我，"所以其实有一部分重点在于，整个平衡里有多少是因为我们选择去做，有多少是因为我们认为别人期待我们去做。"

约翰逊解释说："这类劳动者经常害怕将工作移交出去，因为他们的自我认同已经融入这种劳动。"我在采访一些父母，特别是幼儿母亲时也遇到过这种现象，他们非常渴望得到更多实际帮助，却不愿意分出太多工作。包括无薪情绪劳动在内，埃丽卡对工作量感到绝望，但在部分程度上她也把这归咎于自己。

"部分是因为我。我喜欢让周围的每个人开心。我想要当好女主人，我想要当好妈妈，我想要当好妻子，我想要每个人都快乐且健康。我想要让儿子的老师开心。我想要确保儿子总有备用的衣服，确保他的尿布不会用完。"

约翰逊建议采用双管齐下的方式解决强迫性照看。首先，女人，或社会化为女性角色的人，要学会"容忍更多情绪"，接受不可能每个人每时每刻都开心的事实。接受这一点可以让他们把劳动留给其他家庭成员或群体成员去做，而由于不再有人提供劳动，这些人会被迫承认劳动的存在。其次，每个人都要为自己的需求承担责任，确定需求是什么，争取满足需求。在此过程中，达成目的的方式应包括与伴侣交流。约翰逊说："双方越关心自己的需求，越照顾自己，这段关系就越好。"

列需求清单并与伴侣分享是关键，因为这不只有助于满足需求，而且减少了情绪劳动的关键成分——预先考虑周到。"我们支持减少相互之间的行为预测。"约翰逊说，因为一直预测未来会引起焦虑。这一做法打破了这样一种观念，即一方或群体的需求应该得到完美的预测和满足，而另一方应该始终焦虑地进行各种预测。

哈佛大学研究者艾莉森·达明格调查了持续预测他人需求所带来的负担。在 2019 年发表于《美国社会学评论》的文章中 [2]，她深入访谈了 35 对夫妻，分析了家务劳动中非体力成分的性别分配。她的文章使用了"认知劳动"这一术语来描述非学术领域通常称作心理负担或情绪劳动的事物。达明格将这种劳动划分为四个组成部分：预测需求，找到能满足需求的选项，做决策，监督进展。

男人和女人同样擅长满足需求和做决策，这两个成分与决策关联最大，因此也与权力和影响力关联最大。但女人不成比例地承担了与决策关联最小的两个成分——更辛苦、更无形的预测需求和监督进展的任务。

约翰逊建议的干预措施——女人避免单向情绪劳动，每个人对自己的需求负责——在双方愿意就情绪劳动平等进行自我反思式对话的情况下是有效的。而如果他们不愿意，如果受惠方拒绝做这项工作，更不可能承认它，那么克制照料冲动至少能起到抗议的作用。

但对埃丽卡来说，停止照料并不那么容易。相反，她在考虑是真的提出这个问题还是放弃。"尽管我压抑了很多情绪，但我不想引起问题或让他不开心。"她告诉我，"他非常敏感。我很沮丧，但我更愿意默默沮丧，不把事情讲出来，度过愉快的夜晚。我隐瞒了很多，因为我非常担心会伤害他的自尊。遇到困扰时，十次里有九次我都不会说出来。"

她在家中和采访中的紧张提醒我们，仍然有人觉得提出改变情绪劳动动态是件非常危险的事，这存在一种普遍的黑手党式的缄默法则或沉默誓言，让人们不要讲出这种非常私密的差异，尤其是不要谈论恋人，因为这似乎背叛了私人生活，也因为权力动态在起作用。

如果不面对几个关键问题，创造情绪劳动平权的个人努力就只是徒劳无功。这些关键问题包括：是否无权群体总应该创造情绪体验，而有权群体总应该享受情绪体验？我们应该接受情绪体验的等级制度吗？我们需要把这些问题呈现给公众，才能消除情绪特权。当然，消除情绪特权也会消除大部分其他特权。这就引出下一个更棘手的问题。

我们不能太幼稚，不能认为很多情绪劳动受益者是因为没有充分意识到自己的特权，才不愿放弃。我们不该将男人幼儿化，认为他们幸福地不知道自己在当前情绪劳动分配下得到了什么，否则不仅虚伪，而且会阻碍进步。

埃丽卡的回答表明她担心寻求动态改变会遭到打击报复。她保持沉默的部分原因是她恐惧伴侣的坏脾气，恐惧伴侣会在情绪或身体上施加暴力，这是失去控制感后常出现的反应。这种情况下，不去打破现状似乎更为谨慎，尤其在她感觉自己无法离开的时候，比如有孩子或经济上依赖对方。在这种情况下，主动避免讨论关系中的不平等会让她感觉自己能够自主选择。

我们对现状过分满足了。我们仍生活在一个完全为男性运转的世界中，包括异性恋浪漫关系在内的很多社会结构，都建立在为男性运转的原则之上。对某些人来说，改变这种范式——意味着坚决要求没收权力——可能不只需要简单的对话。

阻碍变革的部分原因是缺少描述交换真相的社会脚本。

2016 年，在加拿大活动的公共演讲教练艾琳·罗杰斯表示，要给关系中的情绪劳动以正当价值和关注，她在推特上写道："我希望'拜金'这个词也可以用来描述那些想让女人为自己做大量情绪劳动的哥们儿。"

我喜欢这条推文。不仅因为许多人向我描述的沮丧原因都能在这里找到共鸣——这些人辅导男性伴侣处理感情、脾气，解读他们的悲伤和欢乐，而且因为它明确指出男人常在关系中掠夺情绪劳动却不用负任何责任。人们非常坦然地谈论女人为男性伴侣做的"工作"，这些工作通常与他们的情绪发展有关：帮助他们成熟，弄清内心挣扎或童年创伤，教他们识别和传达自己感受的方法，这是受到普遍接受的社会现象。为什么不愿给它起个名字？因为不命名会隐藏价值与交换。

这条推文——如此简单，却相当深刻——也转变了过时的经济样板，即狡诈的"拜金"女通过与男性建立关系，获得一切物质利益。这种刻板印象剥夺了异性恋关系中女性带来的价值，隐藏了她们特殊的贡献与作用。拜金这一比喻将女人描述为寻求过上被包养生活的诡计多端的操纵者。这一形象也增强了社会对经济上更依赖伴侣的女性的敌意和鄙视，并使之显得合理。这种厌女情结反过来模糊了对女性工作和价值，以及实际交换的认知。当被仇恨蒙蔽双眼时，你就很难看清楚。

虽然这条推文非常聪明诙谐，但除此以外，还有其他方式揭示了男人在单向情绪劳动关系中获得的情绪和物质收益。

2009 年一篇非常令人沮丧的学术论文[3]观察了与原发性恶性脑瘤、其他形式癌症，以及多发性硬化症做斗争的群体，调查了515 名诊断出致命疾病的患者的婚姻情况。该研究花了五年时间，监测异性恋婚姻中的男女病人，发现"遗弃率"在不同性别间有显著差异。病人是男性时，2.9% 的案例中女性支持配偶离婚。病人是女性时，20.8% 的案例中男性支持配偶离婚——离婚可能性高达前者的 7 倍。遗弃会影响这些致命疾病的护理质量、程度和连贯性，对病人的生活质量和预后结果有切实影响。

共同作者、神经外科从业医生兼华盛顿大学神经病学教授马克·张伯伦告诉《每日科学》，启动该研究是因为神经肿瘤医生注意到，诊断后失去直接支持来源的女病人风险增加。[4]虽然该研究结果令人沮丧，但好的一面是，它表明，当伴侣面对致命疾病时，大多数人都会坚持到底——不论男女。只是双方差异大到无法掩盖。它说明在最必需的时刻，是否主动提供照护与情绪劳动有极大的性别差异，能否受益也有惊人的性别差异。

即使在不那么极端的情况下，女性在人际关系中承担的情绪负担也会对她们的身心健康有明显影响。

研究一贯表明，表层扮演——需要改变情绪表现，但不改变内心真实情绪感受的情绪劳动——会导致倦怠、压力增加甚至失眠。[5] 其他家务中情绪劳动的不平等分配也会加重倦怠。2004 年澳大利亚的一项研究[6] 调查了 102 对幼儿父母，发现女人的心理健康受到消极影响，因为她们总是被期待去满足人们的需要，提高人们的幸福感，并维持和睦。

美国心理学会的报告一贯显示，压力存在性别差异，女人比男人感受到更多压力。其近期研究[7] 表明，讲述自己承受着大量压力的女性比男性多 40%，且已婚女性比单身女性更可能讲述自己承受着大量压力——54% 的已婚女性讲述她们在调查前一个月内曾因压力而被迫哭泣，而单身女性中这一比例是 33%。单身女性能更好地管理压力。比男性多出五倍的女性表示，如果能获得家务帮助，她们就可以应对压力了。再说一次，情绪劳动可能不包括所有家务，但进行情绪劳动通常是照顾整个家庭、保护他人情绪体验的一部分，对很多人来说，二者完全重叠。

心理治疗师约翰逊说，情绪劳动不平等可能会影响关系中的其他部分，包括性。"我注意到，情绪劳动会降低性欲，阻碍伴侣间持续的性联系。"她警告说，"情绪劳动对双方都养家糊口的夫妻来说非常繁重。如果存在不平衡，就会有一方开始不满，然后会开始有意或无意地抑制性行为，或出现性欲下降的现象。"

21 世纪前 20 年的研究显示，比起遵循传统性别动态，让女性承担大部分家务的夫妻，平等夫妻的性生活活跃度和满意度略微高一些。[8] 有趣的是，20 世纪 80 年代到 1992 年的数据显示，当时性别安排更传统的已婚夫妻反而性生活最活跃。[9]

可能有几种不同的社会因素影响了结果：随着社会进步，异性恋夫妻有关性事渴望的私人动态发生了变化；但同时，夫妻关系中进行性行为的方式和实现性生活的含义也发生了变化。20 世纪数据收集期间，丈夫强迫妻子基本上不受起诉。我不是要指控那一代丈夫是强奸犯，而是要指出，过去存在丈夫因婚姻关系而有权随意使用妻子身体的观念，这种惯例可能提高了当时的性频率，且其尤其会影响到传统夫妻。

令人感到颇有希望的是，社会普遍同意，摆脱这种对他人身体的当然权利是积极且必要的改变。不过，虽然法律不再容忍伴侣间未经同意的暴力性行为，但异性恋动态中的多数性别脚本仍将性描述为插入式性交以及男人实施、女人接受的行为。对此，我们的改变缓慢得惊人。情绪劳动在其中起了很大作用，但常被忽视。

训练女人成为情绪劳动者去迎合他人的情绪体验，再次使得异性恋性行为成为某种需要女人通过表演来优化男人体验的东西。

艾米丽三十多岁，成长于基督教环境中。她告诉我，她青少年时期第一次发生性关系时，基本上整场性交中对方都没有考虑过她的快感。部分原因是他们当时完全没有相关知识。"我们没有这方面的词语。"

"男人的身体有性高潮。所以，这就像是，'好吧，嗯，我猜大概我们完事了。如果你完事了，那我们就都完事了'。如果有人问，'你有爽到吗？'我会说是，但我没有参照点。到人们开始谈论性高潮之前，我都一直不清楚还应该发生什么。"

女性快感仍未进入主流文化视野。20 世纪 70 年代的性解放运动及可用避孕措施的普遍增加，整体上解开了人们在性行为价值观念上的束缚，但并没有进一步揭露男性和女性想要的具体性行为种类。

某种弗洛伊德流派的性别歧视理论推测，成熟女性通过插入行为享受性高潮。该理论几十年来一直受到明确质疑，但却仍然有人相信。近些年来，随着互联网的普及，男凝中心的色情片激增，而这只会巩固 19 世纪的价值观。再加之缺少全面、集中的性教育，这些因素造就了对女性性事讳莫如深的文化，维持着异性恋性行为的主要目标是男性快感的父权制信念。

菲利克斯是位三十多岁的医生，他对我解释说，自己第一次和女性发生性关系时，还是个十几岁的年轻人，他"对女性不会像色情片里一样通过插入达到高潮感到困惑"。他说，由于缺少真正的性教育，色情片成为他的教材，但色情片与现实不符。

部分得益于性快感不平等的报道越来越多，我们现在终于在更好地讨论女性快感这一话题。2017 年的一篇文章调查了全美 52588 名成年人的性经历。结果显示，性别和性取向不同的群体性高潮差异显著。[10] 调查中，异性恋男性是最可能报告自己经常在亲密性行为中体验到高潮的群体，95% 的异性恋男性宣称自己总能得到高潮。同时，异性恋女性将亲密性行为中的高潮报告为常态的可能性最小，预期自己总能得到高潮的只有65%。同性恋女性通常比她们的异性恋姐妹更常体验到高潮，86%表示在性事中体验到高潮是常态。

这些发现驳斥了任何声称缺少高潮与女性神秘的身体结构或女性未发育成熟有关的理论。这些发现反而证实了卧室里也盛行着不平等的情绪体验等级制度。

2009年，密歇根大学心理学教授萨拉·麦克利兰提出了"性公正"这一术语，认为性应该被视为更大的政治和社会不平等的一部分。她进行了一项调查不同性别和性取向学生的研究，结果显示，男人更倾向于通过自己是否满意来评估性事的满意度，而女人更可能通过性对象有无快感来评估性的满意度。[11]LGBT和自认为非异性恋的男人也将性与责任甚至工作联系起来，根据伴侣的快感做判断，尤其是更认同女性化角色的人。麦克利兰的研究发现，唯一完全根据自己而非伴侣的满意度来判断性满意度的群体是顺性别异性恋男性。

男性对快感和情绪体验有着根深蒂固的特权感。这意味着，虽然年轻人菲利克斯对女人没有像色情片里一样尖叫狂喜感到困惑，但他也没有多想。"我真的不在乎。"他说。就像上述研究中的男学生一样，他主要关心自己的快感。

异性恋女人艾米丽告诉我，性高潮和性体验上存在性别差异并不令人意外。当她谈论真实的高潮情况时，恋人会进入防御状态。"他们总是碰巧有个上任女友,一场能高潮四五次。我就觉得,'那你为什么和她分手?你要是就靠这个评价自己当恋人当得有多好,就靠这个评价自己有多大价值,那为什么要结束上段关系?'"

她经常假装高潮,一直装到了二十八九岁,为的是让男人别打扰她。"我会演场好戏,然后就希望他们永远不要问起。"她吐露道。如果她对和自己睡觉的男人说实话,通常不会引发对方的好奇心或亲密感,而是会适得其反。"他们太容易被这个冒犯了。"这似乎不太值得。

从情绪劳动的视角看,很明显,在这些性动态中,男人期待被迎合,而女人在卧室里为男人表演情绪劳动——哪怕他们只是偶然约会。女人不仅关心伴侣的快感胜过关心自己,而且还愿意进行额外的情绪劳动,假装高潮以保护男性的自尊,从而避免惹恼他们。

心理学家盖尔·布鲁尔和科林·亨得利试图查明女人假装高潮的频率和原因。在 2011 年发表的文章中 [12],他们调查了 71 名性活跃的异性恋女性,其中 49 名处于稳定关系中。他们询问了所有人此前体验到的高潮情况。结果显示,女人通过阴蒂自慰、伴侣按摩、口交达到性高潮的频率最高,通过插入式性行为达到高潮的可能性最低。但其中有 79% 的女人在超过 50% 的插入式性行为期间假装高潮,25% 的女人在 90% 的插入式性行为期间假装高潮。

插入式性行为期间，明明没有高潮，为什么她们却仍然"叫床"？66%的个例讲述了"加快男性伴侣高潮速度"这个理由，"有相同比例的人坦言是缓解不适、疼痛无聊和疲乏等原因"。

但最令人心酸的是，92%的受访女性表示，她们强烈认为，在无高潮时发出声音的做法提高了伴侣的自尊心，其中87%的女人将其列为她们这样做的主要原因。与艾丽米多年来一直无奈地伪称高潮相似，女人假装高潮以迎合她们与之上床的男人的情绪。该研究的结果也证实了女人更低的自我优先顺序：68%的女人讲述，在与伴侣发生性关系时，自己的高潮是次要的。

医生菲利克斯承认，他过了青春期后，如果女性性伴侣告诉他自己没有体验到性高潮，他会开始防御，并质疑女方有生理问题。他觉得没有信心，会强迫女人觉得这是她们的问题而不是他的问题。"这么做是为了捍卫我的荣誉。按我当时的思维模式，如果我不这么做，我就在某种程度上低人一等。"

这些时候，女人在床上做的情绪劳动，不只是在优先考虑他人的需求，也成为情绪上自我保护、免受抨击的一种方式。这种动态不仅揭示了微妙的性危险，还说明文化没有进步。社会教导男性只以自己的享乐为中心，他们仍受到关于女人的文化与人际信息的误导。

菲利克斯说他进步了。三十多岁时，他已通过不向女性施加压力的询问和倾听——通过情绪劳动——得到了更多有关女性的知识。他说，取悦他现在的女性性伴侣需要花些工夫，但这很值得，即使只是为了向她展示自己关心她的需求。"坦白说，只要我真诚地付出努力，她就很满意。"

当然，在这种情况下，也可能就没有情绪劳动的问题和考虑对方的问题了，特别是如果双方能为自己的需求承担责任，能积极为对方的需求提供帮助。再说一次，问题不是情绪劳动本身，而是我们现行的父权制度，该制度更重视男性的体验与需求，而轻视女性。要达成情绪劳动平衡，解决不平等问题，要么男性付出更多努力，与女性的工作相匹配，要么女性根据双方需求，严守劳动的界限。

如今，艾米丽践行多偶制。她有一位在卧室内外都关心、尊重她的主要恋人。结交新恋人时，她期待双方都能有快感，对此她慷慨，但不妥协。她也不再有兴趣提供自己更年轻的时候勉强甚至被迫做的那种情绪劳动——无论是讨好男人还是讲解女性的真实生理结构。

"我对进行更多培训不感兴趣，我对从以前的培训中获益感兴趣。所以，男人需要和很多女人约会，真心好奇女方的感受并询问反馈。或者你需要和几个女人约会很多年，她们真正了解自己，而且受宗教影响不多。否则，你就无法晋级，因为这意味着我将不得不自己做这项工作，而我没有时间。如果只是周末艳遇，我就更没必要浪费时间了。"

在性场合，她不会再容忍男人只顾自己而忽视她的快感。"如果我没有高潮，那他们也没有。如果他们硬不起来，我也不再为此烦恼。如果我还有兴致，我可能会说，'我准备好了，我还在这里，所以我希望你还能参与'。我不会再给人找借口了，我更年轻时肯定会找。"

"如果有人这时候暗示他们要退出，我会对此大发牢骚，就好比，我不打算承担这个情绪负担，你要承担，如果你想退出，可以，但你必须当着我的面说出来，而且你不会再得到机会了。而现在，我会说，'不，不，这取决于你，去吧！'"

· · ·

实现平等对男人来说是个敏感话题，无论是因为他们不愿意放弃自己在情绪体验上的特权，还是只不过因为他们讨厌被当成坏人，以为有建设性的诚实反馈有损荣誉。可能不是所有人都这样，但问题仍存在：如果一个群体不需要承担任何重要责任或做出任何有意义的努力，你要怎么走向公正？个人的勇气与行动足够实现公正吗？还是必须有更大的社会转变，才能让有权群体不只接受情绪劳动，还能重视并实行情绪劳动？他们会自愿这样做吗？还是我们应该要求转变？

接受我采访时，洛里·卡洛尔在一家大型全国性汽车杂志社做编辑和发行人。他告诉我，自从这个话题出现在社交媒体上，他就一直在努力纠正不公平的情绪劳动。"部分原因是它既有影响力，又很刺耳。"他谈及看到推特上要求为情绪劳动付款的活动时说。

他反思了情绪劳动对政治、职业和个人的意义，并逐渐形成了自己的理解。他认为情绪劳动是"试图避免给世界带来痛苦，或给人们带来困难"。他突然更能意识到自己的态度，更明白自己给人带来的感受和与人交谈的方式有多重要。在很多场合，他改变了自己的举止。虽然在面对更有权威的男人时，他会切换到站得更直、握手更有力的状态，但在面对女人和下属时，他试着让自己别太强势，避免提高语调或站得太近。

他是一位女性的丈夫和两个女儿的父亲，他说自己在试着采取措施分摊家庭责任，摆脱任何特权——他曾见到自己的父亲作为与家庭牵连更少的"有趣"家长享受的那种特权。他也承认女人所做的大量无形劳动，在无法通过家务或关心弥补的领域，他尝试用金钱弥补，比如在Patreon和其他筹款活动上支持女人的线上工作。他说："我在试着弄清我的盲点是什么。一旦你以不同的方式看过这个世界，世间一切都有待审查。"

就他的背景来说，这是个壮举。"如果你作为有权势的白人中产阶级男性长大，你会很难理解痛苦，很难理解共情。"他分享道。洛里在北密歇根长大，他说他早已遗忘了无形的劳动是怎样使他的生活成为可能的，也就更不关注围绕无形劳动的不公正了。他认为，有三个关键因素影响了他的共情能力，如果没有这三个因素，他可能还会偶然在推特上看到"情绪劳动"这个词，但不会有所触动。

洛里建立同理心的第一个也是最重要的促进因素是他的兄弟生了重病。过去几个月，他去医院看望深爱的手足，看着他慢慢死去。他说，兄弟和医院里其他病人的痛苦打开了他的心扉。

第二个因素是洛里搬到了底特律。随机投胎到这座城市里的人，生来就远离特权环境与机会。这似乎毫无道理地不公平。

第三，洛里认为，他现在有稳定的收入和职业地位，所以挑战其他传统男性气质理想会更容易。"二十多岁的时候，我一直觉得自己必须成为重要人物。经济上的不安全感深深激励着我。作为年轻人，我有很多冲动，想主导局面，想支配男性同事，想对我周围的人有更多控制感，这些现在松弛下来了。"

"可能只是巧合，也可能不是，但随着我的地位和经济状态变了，那些冲动也变了。"洛里告诉我。一旦他觉得已经证明了自己是个男人，他就能做情绪劳动这种传统的女性化工作了。一旦他的社会地位和经济状况有所提升，进行情绪劳动就不再威胁他的男性气质。他取得了通行证。也许对男性来说，谈论情绪劳动，不再需要在同伴面前维护自己，是一种非常高级的身份地位象征。

洛里的故事令人振奋，他展示了前人研究已证实的结果：有了实践、动机和坚定的接触，同理心可以后天习得。同理心发挥作用，成为情绪劳动。但洛里指出的第三个成长原因——我很感激他如此诚实地分享这个原因——表明，那些不像他这样有权势的人很难放弃传统男性特质。在情绪劳动不受重视的世界中，人们很难接受为了更多工作而放弃权力。

尽管如此，洛里还是充分解释了自己决定付出更多情绪劳动的选择，作为人类，这个选择为他带来了内心的回报。"我总是思考，我今天做的哪件事，五年或十年后会让我感到尴尬？努力改进这些事让我成为更幸福、更充实的人。我猜，试着有同理心，更注意自己的行为，能让我感觉更好。我觉得自己更像一个人，更确定我的位置和我的影响。我过去常把每次社交互动掰开了想，思考我是怎么搞砸的或者我怎么才能做得更好。我现在还会这么做。我觉得我对别人的伤害减少了。"

洛里所做的某些情绪劳动令人钦佩，有些甚至很迷人，但由于他有权有势，他的模式可能很难得到复制。不过，另一方面，很多和他地位相同的男人都不太能有意识地积极采取措施，影响他人的感受，更不会费心思考自己的情绪劳动结果。

"给。"第二次采访时，他两手抓着玩具车，嬉皮笑脸地把它们递给我。他从底特律自行车赛车场来，来之前和他的团队一起把 8200 个企业捐赠的风火轮玩具车手工粘在了地板上，让它们看起来就像是在绕着自行车道集体赛车。这个古怪的陈设是洛里领导的传媒公司为纪念玩具企业创立半个世纪而设置的。

他的眼睛因白天的工作而闪闪发亮。这个活动邀请公立学校的孩子来参观他们规模庞大的微缩汽车奇观。"我们告诉他们，他们可以把想要的风火轮玩具车带回家。他们超开心。"洛里说。

这看起来像奥普拉捐赠真车给全体观众并反复喊"你得到了一辆车!"的那次活动,但却是略低调的《查理和巧克力工厂》版本。这是很多孩子的梦想,以这种方式取悦孩子们令人愉快。这场情绪劳动也得到了回报,为活动策划者返回了利益。洛里非常高兴。

· · ·

但识别,命名,坚持让他人看到情绪劳动,只是纠正不公平的一个步骤。有时所有可见的情绪劳动都是特权的反映,一如当今的情况。而且即便能看到情绪劳动,人们从中学到的也不总是要减少情绪劳动分配不公,有时还恰恰相反。

路易斯·阿利安卓·塔皮亚是纽约市一名社会影响与变革公正顾问,他与私人、非营利性机构和公共机构合作。他告诉我,在他的工作中,这种现象很常见。2019 年,我在参加他为公立高中教师举办的工作坊时,看到了一个社会地位远不及洛里,但仍有白人男性特权的男人。这个人坚持自己的特权,拒绝进行情绪劳动。

那是寒冷的 1 月,我快步走过纽约市中心的街道,去参加路易斯和他同事索菲亚领导的内隐偏见培训。纽约市内有几百所公立学校,他们举办培训的这所学校位于某栋建筑的 5 层。如果不是门口的桌子后面有一小群配枪警察,两边还都有金属探测器,你可能都不知道这里是所学校。进入学校后，我前往图书馆，融入25位学校教职工。有人告诉我，这所学校主要由来自低收入地区的少数族裔学生组成。我们的小组成员大部分都是女性和有色人种。

培训师在我们面前的黑板上写下了指示，要我们在练习中牢记。其中包括"创造空间，占用空间，给予空间"。那天没有明确提到情绪劳动，但情绪劳动无处不在。当天的活动主要讨论身份、权力和被迫伪装，明显是在恳请参与者意识到：他们要么在为他人提供情绪劳动，要么在期待他人为自己提供情绪劳动。

路易斯自我认同为有胡子、肥胖、稀牙漏缝、顺性别、多米尼克裔、纽约、非洲裔拉丁、黑人。他带领我们进行了一系列互动练习，邀请我们反思自己的多重身份以及这些身份如何影响我们与世界的互动。

第一个练习要求我们各自写下五张不同的便利贴——分别是性别、性取向、国籍、宗教和种族，之后我们按照指示一次丢掉一张，先丢掉影响我们最多的身份，再丢掉对我们影响最小的身份。我们做这项练习时围成一圈，彼此相邻，但活动没有要求任何人分享自己写下或丢弃的内容。这是小组中的私人活动，不要求也不鼓励分享。

我们的培训进行了不到一小时，就有人举起手。"我看到你了。"路易斯回应，示意他继续遵从指示练习，稍后再问。但那只手仍旧举着，挥得越来越猛。我没看到培训师给了任何许可，但举手的老师最终还是张口了。"我不同意这项练习。"他宣布。他还没有完成练习，事实上也没得到对这项练习目的的解释，"我认为这些身份没有诸如个人经历这样的其他事情重要。我认为个人经历更重要。"

我们的提问者迈克是当天房间里仅有的三位白人男性之一。培训师建议迈克：也许最好完成练习再讨论？几分钟后，我们只留下了一张带随机描述的便利贴，培训师邀请我们思考它。参与者局促不安。拿着这张便利贴是什么感觉——既不是我们最重要的身份，也不是我们最不重要的身份？有人觉得自己能永远带着这五个身份吗？或者你们需要把一些身份留在家里？你的同事或学生呢？他们能吗？

那天始终持续着这种对话。参与者开始迟疑地发表深思熟虑的观点。一位黑人女教师谈到语言切换。这是指黑人受到期待，在正式场合、职场或白人空间中，改变说话方式，适应白人的规范。这位教师说，她知道有这个必要，但她觉得进行语言切换是不对的。另一位黑人女教师加入与同事的辩论，回应说自己不介意语言切换。她说："我能接受。"

很快，迈克的手又举起来，他突然闯入她们的谈话。他说，作为教育工作者，他们有责任教孩子怎样说话，这就包括要教语言切换，甚至可能尤其应该教语言切换，这样学生们才能在这个体制下茁壮成长。迈克对自己的观点很满意，继续表达着。他在长岛长大，是基督教社区中少有的犹太孩子，他曾遭到霸凌。他告诉房间里的人，只看外表，可能无法知道他的经历，但他的经历意味着他理解黑人和黑人学生的经历。他越说越起劲，解释说，作为白人，他也经历过种族歧视，他想在唐人街租房子，但申请被拒了，他相信，这是因为他不是中国人。

索菲亚平静地点了点头，回答说宗教肯定是一个因素，所以便利贴活动中也包括宗教。根据具体教派不同，宗教开放程度不同，这绝对是我们在解决的问题之一。但这些经历往往并不等同，她说。路易斯利用短暂的沉默，将对话引导回来，请圈子里其他人发表意见，讨论人们有多经常被以单一身份定义。但那时，房间里的气氛已经回落，人们再次犹豫不决起来，路易斯和索菲亚马上带我们进入下一项练习。

时间继续流逝，而迈克毫不害臊地继续以自我为中心，继续以指出他觉得自己也面对了不公正，从而干涉活动进行。每当他这样做的时候，索菲亚和路易斯都协同合作，坚持将房间里其他人的注意重新引导至有色人种和女性，这些在更大群体中通常不会被当作中心的人。不过，与会的其他两位白人男性就没有这样做，所以我想知道迈克令人震惊的缺少情绪劳动的表现是不是个人性格原因导致的。

后来我问路易斯，迈克这种无法关心他人感受，只能关心自己的情况是不是例外。他回答说不是。白人的声音永远是房间里最响的。特别是白人男性，有时白人女性也这样。总会有这样一个人。路易斯的部分工作是调转常规的情绪劳动模式：让通常在中心的人、占据空间的人，把舞台交给通常不会得到这种特权的人，倾听他们的声音。但显然，某些人觉得这种活动是威胁，而不是机会，他们不会借此机会设身处地思考他人的感受，反思同一个房间里从事相似职业的人之间极端的情绪体验差异。

那天活动快结束的时候，我溜出去上厕所，在走廊里，看见两位女同事在安慰迈克。"我受够了。"他告诉两位女性——两位有色人种女性，"我只想离开。我今天过得太难了。"

"我们知道，迈克。很遗憾你不得不经历这些。"一个人说，"我们真为你感到难过。"

我震惊了。不过我有什么可震惊呢？不管他同事的实际感受如何（我没有问，我一整天都是旁观者），至少迈克仍在享受以自我为中心、让他人迎合自己感受的特权——与这天的重点完全相反。无疑，他参加了一场邀请他为别人腾出空间的活动，然后自己抢占了空间。他暴露了自己在情绪体验上的特权感。

后来路易斯向我解释说，虽然有迈克这种人——这种人很多——但总有其他人会感谢他的工作坊和培训活动。这些人通常是有色人种，他们感谢这样的活动让自己能透过气来，让自己的经历得到正视。这次工作坊活动似乎代表了迈克共情能力的局限性，不过谁知道以后会发生什么。那天的活动为情绪劳动分配和可预见的不公平填上了颜色，展示了罕见却清晰的真相。

就发生在那栋建筑 5 层，那所公立学校房间中的短暂时刻而言，皇帝很明显没有穿上新衣。如果我们不再配合会发生什么？

如果我们告诉皇帝他赤身裸体会发生什么？

　　真正揭露出事实，让真相得到承认有着至关重要的意义。但不将个人采取的措施与更大的情绪网络相连，就很难推动进步。那么，承认我们每个人都必然且幸运地相互联系，以此推动情绪公正，意味着什么？这样做不仅能带来正义，甚至可能让我们走向情绪自由。

第九章

**情绪价值：
重新思考
价值体系**

共情

已故英国医生保罗·班德在其 1980 年的回忆录《神的杰作》中，回忆了自己参加伟大的美国人类学家玛格丽特·米德讲座时的事情。[1] 在描述米德与观众进行的互动时，麻风病领域的医学先锋班德写道："玛格丽特·米德问了一个问题，'文明最早的标志是什么？'陶罐？铁？工具？农业？不，她说。对她来说，真正文明的最早证据，是一根愈合的股骨，一根大腿骨。在报告厅里，她当着我们的面举起这块骨头。她解释说，我们从未在竞争激烈的野蛮社会遗迹中发现愈合的骨头。在那些遗迹中，有大量暴力的痕迹，比如被箭穿透的颞部，被木棍砸碎的颅骨。但愈合的股骨说明有人照顾了这位伤者——替他狩猎，为他带来食物，牺牲个人利益为他服务。野蛮社会负担不起这种怜悯。"[2]

这个故事充分说明，看护、情绪劳动或愿意搁置自己的需求而满足他人的紧要需求，不仅是我们生活的细节，还是文明的开端，在很多方面，也是文明的中心。这种叙述也迫使我们审视自己的内心，我们在多大程度上仍持有这种价值观？

如果我们认为共情和关怀照护是文明的开端，那我们现在该何去何从？这些价值观现在还有多大影响力？我们是否早已摆脱了这种进步的观念，转而认为支配性的男性化利己主义是最好的价值观？如果我们诚实，我们是否还能宣告：在我们的社会，在我们的经济体中，只有优先考虑自己，表现出自负和支配行为，才能获得成功？我们现在的经济体中，情绪劳动以及与关怀、服务、爱和人际关系相关的体验创造和驱动了那么多财富，我们的信念还能站得住脚吗？我们还在进步吗？如果我们还在进步，那我们是在向着哪个方向前进？

美国是世界上最富有的国家。[3] 它也是世界上最不公平的国家，包容极端财富的同时，也容忍普遍贫困。[4] 美国仍没有全面的全民医保制度。尤其令人寒心的是，这不仅会影响健康，也会对其他个人生活层面产生影响。医药和住院费用仍会促进个人破产。[5] 但美国人并不是不在乎。2019 年，众筹网站 GoFundMe 的 CEO 罗伯·所罗门说，在他的筹款网站上，三分之一的捐款都与医药费有关。[6] 该网站称，GoFundMe 每年主办超过 25 万个医疗活动，募集金额超过 6.5 亿美元。[7] 美国人愿意提供个人捐款，但美国在常规、系统，面向全体人民的共情能力上表现落后。它是全世界最富有的 20 个国家中，唯一不提供公民能负担的全民医疗保健服务的国家。[8] 在 41 个发达国家中，美国是唯一完全不为其公民——母亲或父亲——保证任何带薪育儿假的国家。[9]

2021 年 3 月，新冠肺炎疫情已杀死了 50 万美国人，并导致经济危机爆发，失业人口翻倍。经过这样的一年，拜登总统签署通过了共 1.9 万亿美元的救济方案，计划利用一代人的时间，在最大程度上扩展社会保障网络。其中包括儿童税收抵免政策，为育儿家庭提供每个孩子一年 3600 美元的支持。据推断，仅这项政策就可减少全国 45% 的儿童贫困。[10]

但为什么需要如此极端的环境才能全面推动社会改革呢？这种社会改革承认，在这样一个历史上始终很富裕的国家，数百万人只要生病就面临破产并不合理；被推到贫困边缘甚至生于贫困之中也并不合理。我们怎么就接受了这样一个缺少共情的体制？

部分答案是我们已习惯了隐秘的压榨与暴力，这是当前情绪劳动规划的核心。我们习惯于贬低甚至嘲笑被视为女性化的工作和特质，即使我们总是有求于它们，即使我们依赖它们。

宏观来看，依赖与诋毁同时发生，说明庞大且野蛮的政策带来的情绪劳动需求遭到了忽视，而这影响了数百万人的生活。美国是世界上最大的军费开支国，也是世界上最严厉的收监者。这个国家招募了 130 多万现役军人，其中 84% 是男性，这意味着超过 100 万家庭正在应对、支持和承担武装的全球超级大国所带来的情绪影响。[11] 同时，这个国家收监了 190 万人口，也意味着有数百万家庭和亲友无形地应对和承担着惩罚制度对个人、家庭和社区的连锁反应。[12]

艾西正义组织的创始人吉娜·克莱顿-约翰逊告诉我，过去40年间美国对大规模监禁的投资，事实上是投资了社会孤立和社群破裂。过去40年间监禁率的暴涨，很大程度上是因为严厉的毒品法，特别是针对黑人群体和有色人种群体实施的毒品法。[13]十分之九的被监禁者是男性，但承担这种过于严厉的政策冲击的，往往是由女性团结起来的整个社群。在美国，全体女性中四分之一的女人有亲友被监禁，而这个比例在黑人女性中是全部。

克莱顿-约翰逊说，监禁使得女性必须自己承担起其造成的责任，还要额外付出无数的情绪劳动。她的组织位于加利福尼亚州奥克兰，为有亲友被收监的女性服务。"对亲友遭到监禁的女性来说，她们所承担的认知负荷不仅是解决孩子的学前教育问题。她们还要面对亲友在法庭上或监狱中的目光，面对亲友眼中的问题——我该怎么办？我该认罪吗？"

美国每天有50万人虽未定罪，但却因无法保释而坐牢，这意味着监狱外的女性要被迫做出极难应付的选择。[14]是支付租金，还是支付亲友保释金，这只是许多女人被迫面对的痛苦选择之一。克莱顿-约翰逊说，她的组织提倡终结现金保释制度。"社会期待女性做出的这些决策不仅仅是对利弊的冷酷计算，她们在做出抉择时也承担了巨大的情绪负担。"她说。

亲友被监禁的负担带来了负面影响。艾西正义组织发表的一篇报告[15]记录了大规模监禁给女性带来的影响。报告显示，有受监禁亲友的女性中，70% 的女人是家中的经济支柱。进一步的研究称，其中 85% 的人表示，亲友被监禁对她们的情绪和精神健康有严重或极端影响，63% 的人表示，自己的身体健康受到了显著或极端的影响。三分之一的受访女性面临无家可归、被收回房屋、无法按时支付租金或抵押贷款的困境。

将数百万男性投入监狱的社会制度再次依靠免费的女性劳动力来缓冲和吸收痛苦。此外，强迫女性承担无尽的消极后果加深了性别不平等。就这一问题，该报告写道：

> 在亲友收监期间，很多女人被迫放弃了可以长期稳定发展的个人计划，以处理亲友被监禁的紧迫需求和其他家庭成员的需求。女性承担了电话费、探监费用和小卖部账单。这些女人往往工作时间更长，更常换工作，还会错过工作机会，无法继续自己的学业。

克莱顿-约翰逊的兄弟是一名音乐家。她分享道，这让她对皮埃蒙特蓝调音乐有些了解。她说，人们认为这种风格欢快有趣，但她兄弟说这些歌曲中融入了 20 世纪早期的观点。其中之一是指女性在面对创伤时微笑，否则就要面临更多伤害。克莱顿-约翰逊反思道："关注自己感受的后果可能非常致命。即使只是黑人社群的歌曲，也教导我们要调整和处理好自己的感受，以避免死亡、痛苦和暴行。"

边缘群体所承担的情绪劳动是隐形的，仍处在阴影之下，其所包含的力量也是如此。在治疗方面，情绪劳动有共情和创造联系、意义、归属感的能力。然而，由于我们将这项工作视为理所当然，由于我们贬低从事这项工作的人，所以我们不仅放弃了对真正价值的感激，还失去了进行这种实践的能力。

斯坦福大学心理学教授、斯坦福社会神经科学实验室负责人贾米勒·扎基在他的《选择共情》一书中指出，我们的共情行为正在减少。共情能力分三种：间接感受到某人正经历的事情（情感共情），思考他们的经历（认知共情），以及希望这个人感觉更好（共情关心）。与 30 年前 75% 的美国人的共情水平相比，2009 年美国人报告的平均共情水平更低，对他人的关心更少。[16]

造成这种现象的原因有很多。有外部的、有形的因素：更多人在城市中独居；我们的生活越发依赖网络；政治持续在群体间制造越来越大的隔阂；善良与共情水平在匿名环境下会有所下降。但还有理论上的问题：社会上，人们会接受基于臆测的错误想法，误认为那是事实。其中普及率最高，最有破坏性的观念之一，受到了主流经济学的影响。其观点是人们天生自私，且自私的人会取得成功。经济学中"看不见的手"理论假设，市场受到人类利己和竞争天性的驱动，自己管理自己，创造巨大繁荣，我们只要听任金融市场自由发挥就好。[17]过去 40 年间，这种理念使得政府从公共服务和社会保障网络中撤资的政策变得合理，导致收入和财富不平等加剧。[18]

问题在哪里？抛开其他因素不提，在这个论证思路中，有一个简单的逻辑谬误。人类并非本性自私。我们其实是这颗星球上最有同理心的动物。我们在群体中茁壮成长。在群体中，情绪劳动作为共情的运转形式发挥作用。好消息是我们失去的共情能力可以重新获得。我们都能做情绪劳动，都可以重新与我们最能茁壮成长的人类群体相联系。正如本书开篇提到的，共情不是你有就有、你没有就没有的固有属性。共情可以习得，你可以练习并逐渐做得更好。共情是一项技能。

扎基写道，这不是慷慨就会自动输掉的零和游戏。有同理心的人为自己也为身边的人带来好处——他们有更多朋友，有更高品质的浪漫关系，他们更快乐，在职场上更成功。这意味着人们有动机全面参与情绪劳动。这是双赢。

我们需要重写的是我们的社会组织形式、社会等级制度和基本价值体系。基于有关"动机共情"的文献，如果产生行动的共情、关怀和爱——情绪劳动——标志着权力或地位，那么就完全可能有更多人习惯每天进行情绪劳动。甚至，你瞧，可能每个人都会做情绪劳动。

但建立这样的世界很难。情绪劳动已被如此深刻地烙入我们僵化的等级世界，这个世界不仅由男性主宰，而且白人至上，它存在经济剥削和压榨，还恐同、恐跨，而整个体系实际上非常依赖情绪劳动。我们的整个体系依赖体验与感受的等级制度，这种制度将白人男性置于顶端。不只将他们置于经济、政治、社会的顶端，还将他们置于情绪体验的顶端。其最荒唐的地方在于，我们的体系不仅允许最有权力的人表现得自私，而且还向他们保证，这种行为有益于社会。让他们无须担心自己所得利益源于对大量情绪劳动者的默默压榨。

情绪劳动——让共情、爱、关怀和人类联结变成实际行动——可能现在不在金字塔顶端，但无疑有着强大的影响力。情绪劳动及将他人需求置于自己之前的行为使我们人类与众不同。我们怎么才能建立一个与事实相匹配的世界？怎么才能让共情与爱成为这个世界跳动的心脏，成为世界的中心而非世界的边缘？

我在一个下着雨的冬季傍晚，从北曼哈顿多米尼华盛顿高地社区，前往坐落在上东区中央公园附近的古根海姆博物馆。当游客欣赏价值数百万美元的艺术品时，我在博物馆宛如地堡的餐厅内，参加主题为集体文化和性骚扰的专题研讨会，与会人员中还包括一些世界领先的组织心理学家。

研讨会起初很古板，只有场地里的宇宙飞船装饰颇具未来感。我怀疑参加研讨会可能完全是浪费时间。"公司政策的变化！"有个人说。"培训员工让他们改变行为！建立和引领文化的机会！"另一个人说。这是个小型聚会，我开始考虑怎么偷偷溜走才不会被发现，但有一位男性发言者彻底抛弃了常规剧本。

这位发言者是哥伦比亚大学和伦敦大学学院的教授托马

斯·查莫洛–普雷姆兹克，他的主要研究方向是心理测量。有人问他，身处"后'MeToo'时代"，在工作中，"尊重"意味着什么。"我要说一些可能会引起争议的事情。虽然在我们的世界中，展示真实自我似乎是个优先事项，但本质上，尊重与真实是无法兼容的。"我的视线不再飘忽，重新聚焦回来。

我等着听下文。"尊重需要不真实。很多时候你需要在二者之间做出选择。"查莫洛–普雷姆兹克继续推进。为防止听众搞不清楚他的重点在哪儿，查莫洛–普雷姆兹克非常清晰地阐明，他觉得公司应该重视尊重。这位心理学家补充说，尊重的工作气氛远比人们觉得可以随意表达自己的工作气氛更有效率。

我现在回头看才意识到，这番言论过于委婉，可能会遭到误解。其实他是在讨论言论自由，这个近年来一直在激怒和分裂政治领域与学术领域的话题。他说的尊重，是指不容忍表达偏见，而真实是指缺少情绪和思想过滤，也就是缺少情绪劳动。如果你未经过滤的自我是有偏见的，那你在工作环境下保持真实就有害。查莫洛–普雷姆兹克的观点是，尊重会更好，更有效率。在工作场合，你那些浑蛋的言论自由应该得到限制。从权力的角度，用情绪劳动的语言描述这一观点就是：进行情绪劳动，优先考虑你的言谈举止对周围人的影响——如果你有权有势则尤其如此。

但这不只是一个道德问题，这还是一个在工作场合诚实对待效率，不要让我们的观点被重视男性特质高于女性特质的偏见蒙蔽的问题。过去十年中，查莫洛–普雷姆兹克面向公众的研究与写作让大众重新考虑是什么造就了最好的领导力。他进一步提出，伟大的领导者不是那些我们倾向于与之交往的放纵、有魅力、好竞争且占主导地位的人。实际上，伟大的领导者是以他人为导向的人，他们能以共同的愿景团结团队，同时展现出高水平的能力与职业操守。伟大的领导者不是那些表现出我们认为最强有力男性特质的人，而是那些巧妙地将这些特质与女性气质和情绪劳动联系起来的人。[19]

上述观点有着大量研究支持。一般研究表明，过滤真实自我表达并做良好的"印象管理者"，也就是进行情绪劳动，能让人际交流更有效率，能促进职业成功和人们的心理健康。[20] 同时，有研究发现，缺少过滤，也就是"低自控"，和忽视未来影响这两个因素，与良好治理无关，反倒与精神障碍有关。[21]

虽然我们已习惯于让基层人员进行必要的情绪劳动，但事实证明，情绪劳动应该是领导者的工作。这相当于是非常讽刺地让基层人员一入职就获得了更好的领导岗培训。

这些想法来自查莫洛-普雷姆兹克的《为什么这么多无能男性成了领导？》（*Why Do So Many Incompetent Men Become Leaders？*）一书。他提出，比起关注女性为什么很少升上领导岗，我们更应该看看系统与男性的互动出了什么问题。问题不在于个体，而在于我们误判了哪些特质有价值。我们过度奖赏自私和自恋这两种不成比例地体现在男性身上的特质。虽然信心爆棚有利于鼓舞追随者，但这并不利于在危急时刻做出复杂、考虑周全的决策。

如果女性化特质，例如，谦逊、体贴、能敏感察觉到他人的情绪——不成比例地展现在女性身上的特质——因其客观力量而得到认可，那么就会有更多女性晋升到高层。这样的系统也会激励所有人发展出更好的亲社会技能。

但由于我们仍坚持对情绪劳动的真正价值视而不见，我们能看到世界正向着完全相反的方向变化。临床上，自恋在男性中的流行率仍比女性高40%，是所有心理特质中性别差异最大的。但这个差异正在缩小，不仅是因为其在男性中的流行率下降，也因为其在女性中的流行率上升。社会鼓励她们向前一步，仿效男人取得成功。女性正摆脱会遭到贬低的特质，然而这些特质其实应该得到奖赏。

所以，我们现在应该为情绪劳动腾出空间，停止倡导真实吗？真实与情绪劳动是直接对立的吗？不必然。但我们需要搞清楚真实究竟意味着什么，它是怎样与特权和性别互动的，情绪劳动又如何调节它们的互动。

真实性有着不可否认的价值，它是一个人不受外界压力或期待的影响，与真实自我、个性和价值观相一致的表达。真实是重视真诚，是反对随大溜的独裁统治，反对谋划过头，布满陷阱与诡计的世界——在那样的世界，线上人工修饰的表象与线下的真实情况远隔重洋。我敢说，真实甚至是会让我父母婴儿潮那代人不寒而栗的特质——真挚。

我生活的这个城市，会高声称赞真实性胜于很多其他特质，我爱这一点。在这里，真实性意味着真，不假，没有替代选项，不假装成别人，不必在想牟利或者教训人的时候假装甜美，故作大方。在这个近期遭受过经济打击的城市里，真实性是钱买不到的货币——访问权，可信性，信赖，尊重。

真实性不仅仅是人际属性，它也有商业价值。营销者、广告商[22]、商业领袖[23]都寻求让自己与时俱进，都渴望吸引千禧一代和 Z 世代的注意。他们认为，真实性是通向我们情感、思想[24]和钱包的途径。Z 世代巨星歌手比莉·艾利什的超高人气，就部分源于其所标榜的真实性。[25]

尽管有很多呼声要你每天做完整真实的自己，但你能在多大程度上真正做到这一点，主要取决于你属于或被认为属于什么群体，以及你的群体位于社会阶级的什么位置。

如果你名叫布拉德，上的是一流学校，而且是顺性别异性恋白人男性，那你就可以在美国企业中做自己。但只要切换上述类别中的任何一个，做自己可能就不会对你有很大帮助。一个叫布伦达的女人所有的其他属性都和布拉德相同，但她在工作中做完整的自己就可能会面临后坐力，比如这种情况：她的完整自我完全满足职业标准，但不能同时符合能干、自信的工作形象和端庄、无私、体贴的女性形象。而如果你名叫布里，偏离了布拉德的另一个类别，在工作中表现完整自己也不会有好结果。

2010 年，亚拉巴马州的黑人女性切斯蒂·琼斯得到了重灾管理解决方案公司客户服务代表的工作，但这份工作要求她剪掉自己的长发。琼斯参加面试时，穿着蓝色西装，头发梳成了脏辫。她拒绝放弃对她来说很真实、对美国黑人来说很常见的发型，于是他们撤回了给她的录用通知。[26] 尽管本案未由最高法院审理和裁决，但她雇主的决定得到了法庭的支持。换句话说，琼斯在工作场所做真实且职业的自己，却因她属于特定文化的发型而遭到拒绝。

某些地区的社会浪潮已非常缓慢地关注起这类问题。2019年2月，纽约市人权委员会发布了执法指导方案，宣布对头发的种族歧视也应当属于种族歧视范畴。[27] 委员会宣布保护"纽约人保留与种族、民族或文化身份密切相关的自然头发或发型的权利，包括在工作场合"。方案强调了将非欧洲发型评价为蓬乱，属于种族歧视的遗留问题。加利福尼亚随之效仿。

但到目前为止，尚无能保护非洲裔美国女性以非欧洲中心方式梳头的联邦法律，这意味着展示非欧洲发型的女人常常被迫在身份认同与经济发展中做选择。保持真实自我的人，最终往往无法获得权势，而缺少权势的人，虽可以继续保留真实性，但可能要付出高昂代价。这使得真实性成为某些群体有权获得，而其他群体无权获得的东西，至少在某些环境中是这样。

情绪劳动及其分配方式会与这种权衡的各个方面相互作用。一方面某些群体因害怕受到严厉惩罚而无法表现出真实自我——这体现在工作场所；另一方面，因为社会现在赞美真实性，所以如果他们为了从环境中获益而改变自己的行为，他们就必须使其显得可信。他们必须进行非常令人信服的情绪劳动，以免周围人觉得他们不真实或虚伪。如果作伪被发现，那么还有第二种后坐力等着他们。

要女性化，要关怀他人，但不要忘了告诉我你喜欢这么做。拉直你的头发，但不要忘了提到这是你自己的选择。当个好女孩，然后告诉我你是自己想当好女孩。**在等级森严的世界中，你会为了显得真实而强迫自己进行情绪劳动。**被迫装作真实的人不得已成为共犯。如果他们的面具遭到拆穿，声称热爱真实其实却非常讨厌真实的社会就有了选择权，可以不容忍面具后的事物，也可以谴责戴面具者伪装自己。不论哪种方式，一旦边缘个体被迫进行的伪装遭到揭穿，他们就要面对失败。

对不符合顺性别异性恋脚本的人来说，这种发展太好预测了。普遍存在的真实性要求与社会持续不容忍他们的现状相结合，对他们施加惩罚。

拉萨亚·韦德在二十多岁时，仍在实现梦想的路上。她在芝加哥南部长大，想要成为没有烦恼，"穿着各种奢侈品"的富有女人。大学毕业后，她为《财富》世界 500 强企业工作，在那里她当上了传媒总监，赚着六位数的工资。她告诉我，"然后真实降临，说，'你想得美'"，一切戛然而止。

一天晚上，她回归真实的自己，前往一家同性恋俱乐部。一个男人走过来问她是不是跨性别者，她说是。她觉得下班后没什么好隐藏的。她告诉我："我应该能按自己想要的方式过我的生活。"那时她曾相信这是没有争议的想法。第二天，在公司的总监午餐会上，这个男人再次出现。他在同一家公司工作。他走到她面前，说："噢，你是我在同性恋俱乐部见到的那个美丽的跨性别女人。"

次日她因"申请工作时有欺骗行为"而被解雇，就好像她出生时被分配的性别和她的工作能力有关。拉萨亚试图好好工作、真实生活，但她因此受到惩罚。

就在拉萨亚遭到解雇的几年之后，2020 年，美国联邦最高法院裁定，不能再因性取向或性别认同开除雇员，其中明确包括跨性别者。但那时，她已转向全新的领域。拉萨亚花了些时间旅行、学习和筹划，然后她回到了家乡，并于 2017 年在芝加哥成立了自己的 LGBT 社群中心——勇敢空间联盟（Brave Space Alliance），该中心关注跨性别者，为居民与社群成员提供就业信息、健康服务渠道和食物等资源。对拉萨亚来说，真实性是她作为人类做出的正确个人选择，但我们的体制使她受到经济惩罚。即使现在，理论上她的权利在职场中受到保护，但她仍面对着相当多的歧视。

当社会向前发展，保护更多人的权利时，情绪劳动的负担会发生转移，从被视为从属者的人身上，转移到被视为支配者的人身上。过去几年间，校园内外，围绕言论自由展开了大量讨论，其中的关键就是这种转移。

2015 年秋季，曾做过学院舍监的耶鲁大学讲师埃丽卡·克里斯塔基斯给学生发了封邮件，随后辞职。邮件建议他们忽视对万圣节服装的文化敏感性指示。该指示来自学校跨文化事务委员会，让学生不要因为文化敏感性低，而无意中穿了冒犯少数群体学生的服装，特别建议学生不要使用穆斯林头巾、带羽毛的头饰或扮演黑人的服饰。[28]

作为回应，克里斯塔基斯给自己学院中关心此事的学生发了邮件，谴责学校让年轻人失去了"无礼""不适当""挑衅""冒犯"的机会。"美国大学曾是个安全的空间，在这里，不只会有成熟的经历，也可以体验有些退化甚至越轨的经历。但现在大学似乎越发变成充斥着指责和禁令的场所。"《耶鲁日报》报道了她的哀叹。[29]

她的观点为她赢得了一些粉丝。言论自由听起来很棒。但如果拒绝将言论自由置于社会背景中讨论，就存在问题：有时，你保护了某些人的言论自由，就压制了其他人的权利、尊严和自由，包括言论自由。她在捍卫作为多数群体的白人学生长期受到保护的言论自由时，牺牲了有色人种学生的权利。这是在告诉少数群体学生：要忍受和应对白人学生穿的种族歧视服装。少数群体学生会学到教训，了解到是谁的感受得到保护，谁的感受遭到忽视。如果他们的感受因白人的享乐而遭到忽视，那么这一课会让他们学到空间是为谁准备的，他们是否应该占用空间，以及，没错，是否应该说话。

讨论人权议题要求互相补充，换言之，要求权利彼此对话。允许他人权利存在，就可能会限制个别人的权利。《世界人权宣言》的第一条称："人人生而自由，在尊严和权利上一律平等。他们富有理性和良心，并应以兄弟关系的精神相对待。"[30]

讨论言论自由是错误的，真的。在某些言论压制、排斥，并因此阻碍了他人言论自由的世界中，纯粹的言论自由并不存在。这种讨论实际上是在争论：你要抓紧习惯的权力等级制度不放，还是愿意任其崩溃？

就目前的情况来说，真实性，或者说缺少过滤，是特权的表达，而情绪劳动是期待无特权者完成的工作。我们需要创造这样的世界：真正表达真实性的机会不只在表面上平等，而且与进行情绪劳动的要求相匹配。

这样一个世界，不仅在哲学上更公平，而且也会运作得更好。对那些进化论思想的支持者来说，这也是最有意义的。

回到古根海姆，托马斯·查莫洛-普雷姆兹克的发言已转向职场之外的整个社会，他提出，本着解决问题的态度，应该更重视、尊重情绪劳动，而不是所谓的真实性。"未来，利他主义社会会胜过理性社会。利他社会能够适应和容纳多样性，而所谓的理性社会会更自私，更适应不良。"

这是真正发人深省的地方，或许我们认为情绪劳动是文明的开端，但情绪劳动也必然在我们的未来之中，因为我们生活在越来越全球化、集体化的世界中，因为我们感到地球越来越小，因为我们作为人类寻求生存。

接下来，查莫洛-普雷姆兹克让听众放心，他说的"理性社会"不是"相信 2+2=4，反对 2+2=5"的社会。他用的是这个词在行为经济学领域中的意思。在行为经济学中，理性主体指的是最大化个人收益和利润，不顾是否影响集体利益的人。在所谓的理性社会，如果太多人只出于利己目的行事，那么所有人都会遭殃。比如，如果每个人、每家公司都不肯循环利用资源，这个星球都会崩溃。我们被告知，理性社会的问题是不能顺利地扩大集体规模，而集体社会中，群体利益最大化，个人满足却受到抑制。

事实上，在允许男性，特别是白人男性，以自我为中心，以自己的体验和乐趣为中心的个人主义社会中，只有少数幸运的人能按照所谓的理性主体的方式行事。其余的人则必须为集体工作，做情绪劳动，以弥补和缓冲少数人的行为。我们生活的社会根本不是完全理性的。让自私群体不劳而获的这个社会，是由很多很多情绪劳动者支撑起来的。

而且利他社会也没必要扼杀所有个人满足。关心和重视情绪劳动的社会只会使个人满足的权利分布得更均衡。真正利他的社会，会将情绪劳动铺开，当作所有人都应该做，所有人都希望掌握的有价值行为。让所有群体分享情绪劳动，最初可能限制了一小部分尚不习惯者的真实性，但也会增加边缘群体真实生活的机会。最终，在利他社会中，人们平等进行情绪劳动，也平等享受真实生活。

我写这本书时，收到查莫洛-普雷姆兹克寄来的一封邮件，他说："情绪劳动本质上是（或至少可以是）集体利益的载体……社会受益于亲社会的规范、努力和礼仪。但如果只有女性或少数族裔做这些事情，那么真实性就会成为少数人享有的特权。"

近年来，有关性别的辩论过分强调区分两性间的固有差异。但对我来说，真正历史性的时刻，不在于争论哪些是固有的男性化属性，哪些是固有的女性化属性，而在于**我们获得了一个极好的机会，重新思考我们的价值体系及其背后的证据**。

改变我们的奖励系统，是让情绪劳动负担更平等的关键，也是为所有人建立更快乐、更公平、更实用、更诚实、更透明的世界的关键。

勇敢空间联盟创始人、黑人跨性别女性拉萨亚·韦德的梦想不是成为社群领导者。她曾梦想财富自由，而她以为能通过在美国企业中获得成功来实现。但二十几岁被《财富》世界 500 强企业解雇时，她不得不寻找新的方式。她找到了，经济和其他方面的自由显然必须通过社会群体实现。

2020 年新冠肺炎疫情来袭时，拉萨亚的关注点从自己家人的安全转向了供养社区。她通过自己的组织，创建了食品储藏室项目，她组织食物投放，并建立和巩固了互助网络。她组织的活动每周为 2000 人供给食物。她的组织是明确以跨性别者和非常规性别者为中心的 LGBT 中心，但它为整个社区提供了资源，社区中也包括顺性别者和异性恋人群，只要他们适应并尊重中心的既有文化和秩序。

他们的等级秩序与更广泛社会中现存的秩序相反，不会强迫异性恋和顺性别人群服用他们自己的压迫性药物，而是会要求每个人都做情绪劳动。拉萨亚不相信没有情绪劳动的世界，她相信世界可以没有与恐跨和父权制相关的特权与言论，但充满情绪劳动。以关怀、社区、跨性别者为中心的世界，可以让每个人都得到自由。如果跨性别者自由，每个人都会自由，她告诉我。"因为我们不符合社会叙事，如果我们自由，你们当然就也自由了。"

"跨性别女性总是要做情绪劳动。我们不仅在自己的群体中为母则刚，我们还是其他无家可归孩子的母亲。我们是那些偶尔关心我们的孩子的母亲。我们是忽视我们女性身份甚至人类身份的群体的母亲。但归根结底，我们还是母亲。"

拉萨亚接受采访时 35 岁上下，她说自己已埋葬了 500 名社群成员，其中太多人死于谋杀。接受我采访时，她正在哀悼跨性别女性哈伊拉·德阿尔托。2021 年 5 月，德阿尔托在家中被一名男性刺死。就在一年前的母亲节，德阿尔托曾在脸书上写下："我是一名母亲，我抚养这些孩子，他们的彩虹闪耀得太过耀眼，蒙蔽了自己的生身母亲。我珍视她们所丢弃的。我承担尘世上的工作。为受赏上了天堂的母亲，为仍需抚养的婴儿。我曾做这些事。

我仍做这些事。我会继续做这些事。因为，虽然我永远不会知道在别人眼里，我的 DNA 是什么样子，但我知道在那些觉得自己终于得到正视的年轻人眼里，感激是什么样子。对我来说，这就足够了。"[31]

哈伊拉·德阿尔托曾是家庭暴力幸存者，她因而为其他家庭暴力幸存者谋利益。认识她的人说她"坚定"。在变装舞会的文化群体中，她以"真诚"闻名。

用爱和情绪劳动来解决问题是什么样的？将情绪劳动作为核心，而非边缘，以便未来的哈伊拉能得以生存，甚至过上成功的生活，这样的世界难道不值得我们为之努力吗？

如果我们转变看法，重视女性化、亲社会、团体驱动的合群技能，将会提高地方、国家和国际水平的健康状况、生活质量和安居程度。创造认可和重视情绪劳动的世界具有革命性，其将解决造成性别不平等和其他类型不平等的某些最明确、最深刻的问题。但更重要的是，这是创造所有人都能生活得更好、更丰富、更和平的世界的关键。

结语

本书中，我尽量以诚实到残忍的态度与世界互动，虽然我敢于梦想个人与系统的改变明年、下周或是明天就会出现。

以绝对的诚实认识情绪劳动，对个人和社会运转都有重要影响。对不公平情绪劳动分配的受益者来说，这似乎有着非常大的威胁。但对另一方来说，这意味着治愈和更健康、更幸福、更可能成功的社会。

已有人开始探索这样的体系。

过去几十年间，加纳裔英国记者兼剧作家埃丝特·阿玛将个人家庭历程与牵连到她的国家和国际事件联系起来，提出了"情绪正义"的理论。

这位前 BBC（英国广播公司）记者多年来常做噩梦，梦中她能听到逼真的枪声和靴子跺在地上的声音。她尖叫着醒来，却无法追溯梦中的恐怖场景是来自哪段记忆。成年后，她终于向母亲寻求答案。母亲告诉她，1966 年加纳摆脱英国殖民获得独立后的第一次军事政变期间，士兵和坦克曾来到他们在阿克拉的家中，那时阿玛还是个小女孩。她母亲是加纳著名政治人物的妻子，当时她丈夫身在国外，而孩子们在她身后，她独自面对士兵。那是个生死攸关的恐怖时刻。这家人被软禁了多年，直到他们最终逃往英国，流亡异乡。

母亲打破沉默，讲出自己的经历，让阿玛意识到自己心中留存的是什么，这让她恍然大悟，得到宣泄。她开始同时处理创伤的遗留问题和情绪的遗留问题，并与这些问题留在她家庭和更大历史中的力量做斗争。她开始关注我们必须打破的性别化沉默以及打破沉默时会发生的事情。"由于所有故事最初都是由男性所写，女性打破沉默会使你彻底重新考虑自己对这段历史的看法。"

1997年阿玛赴南非工作时，她继续思考处于核心地位却遭到忽视的情绪和同样遭到忽视的女性的故事。那时，她准备报道纳尔逊·曼德拉政府领导下的真相与和解委员会。在长达半个世纪的种族隔离政权结束后，该组织旨在推动国家向前发展。用史无前例的全国性恢复性正义活动来推动国家和平地向前发展，给犯下暴行的白人空间，鼓励他们在遭受虐待的黑人受害者的见证下承认罪行，以换取可能的赦免。

当时总统的妻子温妮·曼德拉叮嘱阿玛"走进乡镇，问问女人有关宽恕的问题，问问她们怎么看待这件事"。这次会面后，记者阿玛开始看到这个进程中不那么田园牧歌的一面。对她来说，著名反种族隔离活动家、黑人觉醒运动领袖史蒂夫·比科的遗孀恩特西基·比科所做的证词尤其突出。史蒂夫·比科遭种族隔离政权逮捕入狱两年后，于1977年被殴打致死。在他遇害20年后，五名与史蒂夫·比科遇害有关的前种族隔离白人警察来到真相与和解委员会前，讲述了该灾难性事件的细节，寻求正式宽恕。

阿玛回忆说，那一刻，她看着白人男性"得到所有媒体的关注，得到所有空间和整个舞台来讲述自己感觉有多糟，讲述他们为什么受其困扰，讲述从他们的视角来看发生了什么"。但当镜头转向恩特西基·比科时，这名寡妇拒绝遵循期望。

"你以为你是谁？敢跟我说这些白人杀人犯的感受比我和我孩子的感受更重要？"阿玛记得黑人女性比科没有顺应压力表达宽恕，反而质疑了听众。

据《独立报》报道，比科说："很多人谈论和解，但我不知道应该是谁与谁和解。是受害者家庭应该与这些犯下罪行的凶手和解吗？还是政府应该与行凶者和解？我希望伸张正义时，能选择正确的方向。"[1]

阿玛谈及这段经历时说："就是那时，我想到了'仪式化情绪的概念'。社会要求黑人女性优先考虑白人男性的感受，从而推动所谓的和解进程。"在后续对恩特西基·比科的采访中，她确认了这种"仪式化情绪"中的性别元素。她问比科为什么总是带着儿子参加听证会，得到的回答是："他肯定不知道，谈及我们怎样看待和解与宽恕过程时，他的感受比我的重要。"

最终，杀害史蒂夫·比科的凶手没有在法庭上受审，但也没有得到赦免。恩特西基·比科的批评揭露了委员会工作的一个缺点：在寻求解决方法时，他们仍将情绪负担置于已经受到情绪伤害的人身上。

多年后，这些经历促使埃丝特·阿玛创建了阿玛情绪正义研究所，并研发了情绪正义模型。该模型包括情绪正义要对抗的四个定义明确的基本要素：种族化情绪、情绪父权制、情绪货币和情绪经济。种族化情绪承认人类的情绪会依据他们被视为哪一种族而受到区别对待。情绪父权制指迎合男性、给予男性特权、优先考虑男性感受的社会。情绪货币将女人当作货币对待，其价值根据为白人和男性服务的程度而定。情绪经济描述了以男性感受为核心而不顾给国家带来什么后果的社会组织形式。[2]

阿玛告诉我，一旦你努力破坏了这些所有的要素，情绪正义和种族治疗就会随之出现。

这是答案吗？无疑，阿玛的四个基本要素与本书的发现一致，只不过阿玛理论的背景明显更具全球性，明显更关注残存的欧洲中心主义，而这也是本书背景的一部分，但本书基本上只关注其在美国的发展。

对于情绪劳动成为白人中产阶级女性与家庭和男性进行的斗争，而不再关注更广泛的不公平制度的现象，阿玛在采访中表达了失望。她解释说，如果不把情绪劳动放到大背景下看，那么情绪就可能会遭到轻视或简化，可能会与更大的权力结构断开联系。

本书是对性别不平等根源的调查，也是对这种担忧的回答。一旦你理解了由情绪和情绪劳动伪造的等级制度和关系网络，你就会明白，每个人都受到牵连，没有人能置身事外。谈及情绪劳动及当前情绪劳动受到的贬低和不平等分配，女性群体可能在家中经历了非常真实的不公正待遇。但这并不意味着她们在家庭以外就不用积极履行自己在更大社会网络结构中的责任。另一方面，有必要强调，没有社会经济特权的有色人种女性也在与情绪劳动差异做斗争——既包括公共领域的斗争，也包括私人领域——在她们的家庭网络中的斗争。

我是一名白人女性。这一事实让我既不是永恒的受害者，也不是永恒的加害人。这一事实将不同的负担与责任放在我肩上。以不公平的方式从我身上榨取情绪劳动的问题需要得到解决，但存在这些问题并不能免除我在更大情绪网络中的责任。

对某些人来说这似乎很复杂，甚至令人担忧。但复杂并不意味着应该逃避，并不意味着不应该面对。就像男性必须参与解决这个问题一样，白人女性也必须加入。但不是作为话题的中心，而是成为其中的一部分；不是这个问题下唯一的故事，而是成为众多故事之一。这次我是讲述者，但下次应该是你，而你的新见解，你对新视角的包容和你叙述的故事会让我们更接近真相。

为了得到修复，为了让爱增长，为了终结令人厌恶的不公平的等级制度，我们必须携手讲述边缘与中心的故事。正是因为情绪劳动揭示了人与人之间不可避免的相互连接，所以它提供了如此令人信服的观点，如此有希望的变革之路。

本书中的故事让我看到了爱与权力间真正的联系。很多女性和弱势群体成员做着让爱与共情发挥作用的工作——情绪劳动。

我们遭到压榨，付出无形且廉价的情绪劳动。我们从事被视为低微卑贱的工作，满足当权者的需求，而这又反过来强化了我们无权无势的地位。

但还有其他我们必须知道的真相。情绪劳动是一种必不可少的力量。它是人类的支柱，是长寿的秘诀。它不仅塑造了当下的世界，而且还能创造未来。然而女性和弱势群体单独扛起情绪劳动负担太大，在塑造未来时，我们必须将这种必不可少的劳动分散到不同群体中，这不仅是为了解决过去的不公正，也是为了纠正人为的剥削性的等级制度。

我们必须质疑社会教给我们的价值观。情绪劳动必须得到正视才能得到分享。只有将情绪劳动视为真实的工作，我们才能卸下这一负担。如果我们将其公之于众，会更容易看到它是支持大大小小的群体，支持我们经济的必要工作形式。当下的社会教导我们，金钱是确认工作有价值的唯一方式。但让情绪劳动走到光下，我们就能看出，每一块钱都在一定程度上源自情绪劳动。如果情绪劳动是工作和创造金钱的终极驱动因素，你很难否认它是价值的来源。

以这种方式真正理解情绪劳动，会使我们质疑自己的价值观念，促使我们讨论时间、联系、归属感和意义的重要性，而不再仅仅讨论金钱。于是，对话发生了转变，我们不再询问情绪劳动是否能带来价值，而是了解到情绪劳动本身就是价值。可以说，情绪劳动不是价值的来源之一，而是价值的唯一来源。

除了要看到情绪劳动的价值，我们还要清楚当下制度是如何榨取无薪或廉价的情绪劳动的。这能促使人们思考我们社会组织形式的根源。重视情绪劳动也必须真正重视那些做这项必要工作的人。重视情绪劳动意味着像重视男人一样重视女人，承认女人是完整的人，女人的情绪体验应当与男人一样受到充分的尊重和保护。重视情绪劳动意味着重视我们自己，意味着互相重视。

如果真的想实现全人类平等，我们就不该期待一个群体为另一个群体服务，不该期待一个群体对另一个群体的感受负责。这适用于女性，也适用于其他弱势群体，包括少数族裔群体。没有人——由于性别或少数群体的身份——天生就自带为另一个群体感受服务的义务。没有人天生就自带要求别人服务自己感受的权利。如果我们要解决不平等，要制定人人平等的道德意识，唯一的前进途径是争取开放、可见的互惠交换制度并废除身份义务。

我们需要更高尚的新方法来公正且透明地评估情绪劳动的价值。 我们需要职场承认并处理好情绪劳动对公司根本目的的重要影响，也要处理好对这一根本目的有所贡献者的福利待遇。我们必须承认并正确酬报情绪劳动，提高情绪劳动的社会地位，期待所有阶层都进行情绪劳动。在正式工作场合以外，我们需要承认自己对女性、处于女性地位的人和少数族裔所做的情绪劳动的依赖，也需要设计更多支持系统，为他们提供包括金钱在内的多种支持。在世界越发自动化的背景下，这一点尤其紧迫。自动化会减少就业机会，但人口仍在持续增长。此时，情绪劳动的理论有很大应用前景。情绪劳动迫使我们思考社会主流未曾当作工作的行为，推动我们承认过去未曾被当作工作者的劳动者，促使我们重新思考自己对工作和报酬的态度。情绪劳动使得私人与公共的界限更加模糊，揭示出这条界限一开始就是人为划定的事实。这是好事，也是我们迫切需要的反思。

我们生活在有史以来最富裕的国家。无论答案是什么，都无所谓。可以是在制定实施全民基本收入时囊括更好的工人权利，也可以在囊括了更好的工人权利的同时增加父母和非正式看护者的社会保障，也可以是其他方案组合。找出解决办法完全可能，而且非常容易。

最难的部分是转变思维方式。这意味着不再贬低和隐藏被视为女性化的任务和工作，不再掠夺女性和少数群体工作者创造的合法利润。这意味着不再相信身为女性就要对社会负责，哪怕是一些看似无害的责任，例如微笑。前文已经证明，相信女性有义务为社会微笑不仅错误，不仅是压迫，是经济剥削，而且会有致命后果。这意味着不再盲目推崇攻击、支配和自私。这意味着追求阶级平等。

这带来了令人兴奋的愿景：未来，我们所有人都能有一席之地，都能抓住机会蓬勃发展。在这个世界，权力与爱不会两极对立，反而会被当作同一整体。

这本书是对当下资本主义制度的批评，但不是要全盘否定它，而是呼吁进行意义重大的改革。这本书不是说私营企业和利润不好，而是主张承认情绪劳动者的真正价值，使公平的利润也能流向他们。本书主张终结剥削行为；主张对偏见敏感的规章和监管，以及不带歧视性的工人权利；主张消除滥用有关女性、少数族裔及其工作的刻板印象；主张扩展公共利益的概念，也扩展人们承认的可销售商品的范畴；主张终结恶意争论和道德伪善。

这本书也不是要将资本主义作为解决方法。某些人之所以抗拒情绪劳动，是因为他们觉得群体不重要，但对其他人来说，这是因为感情不该被商品化的道德立场。他们认为这是失控的新自由主义。进步人士和保守人士可能会在这一点上达成共识，至少最初是这样。但这里存在一个问题：感情已经被商品化了。不承认这一点只会使其更隐形，让交换更模糊，并因此造成更多剥削。在有报酬的场合承认情绪劳动具有变革性，能起到塑造世界的作用，能促进情绪劳动在非付费场合下的作用得到承认，反之亦然。这并不是非此即彼的。就目前的情况而言，私人领域中情绪劳动贬值，而市场从中获益。两者都需要调整。需要全面改变社会规范，不在乎是从家庭开始，还是从职场开始。

可能两者会同时开始，可能会从你开始。因为我们已认识到有关情绪劳动的惊人事实：无论过去、现在，还是未来，我们都手握关系、治愈和人性的关键。我们都与更大的力量相联系，这种力量以我们个人能力为基础，但会帮助我们超越个体，形成永恒的团体。我们每个人都有这种能量，你们每个人也都有。是

时候彻底停止支配、压榨和物化了。是时候将情绪劳动公之于众，
为清算和变革播下种子，重新理解在社会群体中共同生活意味着
什么了。我们共有的人性依赖于此，这撼动了那些已岌岌可危的
观念和制度。

致谢

很多人为本书的诞生贡献了力量，我非常感谢他们。

第一，我想感谢数百名充分相信这一问题，愿意与我交谈，愿意写信给我，并且相信我，愿意与我分享部分自我和故事的人。虽然只有一小部分可以放入本书，但你们分享的每个事实、每个真知灼见都构成了搭建本书的基石、水泥与砖瓦。

第二，我要感谢那些在本书正式创作中发挥了关键作用的人。2015 年，我在《卫报》的专题编辑杰西卡·里德给我指派了一篇有关情绪劳动的文章，让我走上了这条最精彩的道路。写这本书是莎拉·墨菲的想法，她从未停止为此奋斗。2017 年的夏日，她在推特上发给我的消息改变了我的生活。我的经纪人麦肯齐·布雷迪·沃森就像是我的战友，她钢铁般的不懈支持带我克服了不止一个意外障碍。我的编辑布琳·克拉克并非主动要求做我的书，但她完全把我的书当作自己的事情来做。你清晰的大脑和修订的钢笔让我在夜晚能够安心入睡。还有鲁本·雷耶斯和 Flatiron 团队的其他成员，以及 SKLA 的团队，我认为他们在幕后的帮助远比我了解的多。

第三，我要感谢我的家人。我母亲茱迪斯·福克斯·哈克曼愿意为这本书提供反馈，指出结构不佳的想法和句子，帮助这本书每次一段地缓慢推进。我姐姐爱丽丝·哈克曼是位了不起的记者和编辑，她牺牲了在贝鲁特公寓的休息日阅读我的章节草稿，她给了我放手的信心。至于我姐姐梅·哈克曼——笼统地说——她的耐心、陪伴、食物和为我打气的谈话使我最终能写完本书。你们三位构成了我脑中女性团结的蓝图。我要感谢我的父亲罗宾·哈克曼，虽然他过早地离开了人世，但仍教会了我至关重要的课程：平等与质疑一切。

第四，我要感谢我的家乡。我要感谢底特律，我移居的城市，以及底特律的很多人和很多地方，这些人、这些地方在我完成本书的过程中都发挥了大大小小的作用。我要感谢非常多的朋友和亲属——无论远近——他们狂热的内心与大脑总能感动我、挑战我、鼓励我，他们让我准确地表达本书的精神：爱丽丝·艾略特、夏洛特·善能、劳拉·善能、埃尔迈拉·雷法尔、莎拉·汤普森、凯蒂·哈克曼、吉格尔·巴特、珍妮·福奇、迪亚拉·沙马斯、阿曼达·亚历山大、伊玛尼·戴、萨拉·玛利亚·格拉诺夫斯基、波顿·威廉姆斯、麦琳·斯宾塞、玛蒂娜·古兹曼、乔·佩斯、萨拉·麦克法登、詹妮弗·莉娜、克里斯萨里斯·萨内利，还有很多人。与你们交谈让我的生活不断产生变化，不断发生变革——让我的生活充满色彩。特别感谢你，莎拉·赖斯，你不仅是我亲爱的朋友，还是位极好的纪实摄影师，感谢你为本书拍摄了作者照片。

第五，我要感谢我的伴侣安德鲁·科洛姆。过去几年里，你的爱与支持无异于奇迹。你勇敢地在生活中、文字中、讨论中寻找真相，你从心底尊重人类同胞，这激励我变得更坚定、更有雄心、更能响亮地表达我的观点。我也要向你的家人表达极大的感谢：多萝西·温斯顿·科洛姆法官和威尔伯·科洛姆，他们是很多人的英雄；斯科特·科洛姆和纳迪亚·戴尔·科洛姆、克里斯·奥莫泰萨、妮亚妮·科隆·奥莫泰萨，我知道你们支持我；以及锡安、阿利亚、格温多林·露西尔和布鲁克林·麦迪逊——未来。

注释

引言

1. Arlie Russell Hochschild, *The Managed Heart: Commercialization of Human Feeling*, 3rd ed., updated with a new preface (Berkeley: University of California Press, 2012).

2. Arlie Russell Hochschild, "Emotion Work, Feeling Rules, and Social Structure," *American Journal of Sociology* 85, no. 3 (1979): 551–75.

3. Hochschild, *The Managed Heart*, 163. 今天，随着这一概念进入主流，非学术领域中已经不再区分工作场合的"情绪劳动"（emotional labor）和私人领域中的"情绪工作"了——两者都被称为"情绪劳动"。这种合并一直是学术界争论的焦点，但我会使用"情绪劳动"这个词——不仅因为这样做有助于减少读者的困惑，而且因为对私人和公共领域中完全相同的努力进行区分，只会起到将悄悄进行的压榨合理化的作用。而本书的重点就是识别和制止这种压榨。

4. Mitra Toossi and Teresa L. Morisi, "Women in the Workforce Before, During, and After the Great Recession," US Bureau of Labor Statistics, July 2017, 21.

5. Brian Kreiswirth and Anna-Marie Tabor, "What You Need to Know About the Equal Credit Opportunity Act and How It Can Help You: Why It Was Passed and What It Is," Consumer Financial Protection Bureau, October 31, 2016, accessed June 19, 2020, https://www.consumerfinance.gov/about-us/blog/what-you-need-know-about-equal-credit-opportunity-act-and-how-it-can-help-you-why-it-was-passed-and-what-it/.

6. Luke Rosiak, "Fathers Disappear from Households Across America," *The Washington Times*, December 25, 2012, accessed July 6, 2020, https://www.washingtontimes.com/news/2012/dec/25/fathers-disappear-from-households-across-america/

7. "Name Keeping, on the Rise," *The New York* Times, June 26, 2015, https://www.nytimes.com/interactive/2020/admin/100000003765839.embedded. html?

8. Jillian Berman, "Why So Many Women Still Take Their Husband's Last Name," MarketWatch, December 27, 2017, accessed June 16, 2020, https://www.marketwatch.com/story/why-so-many-women-still-take-their-husbands-last-name-2017-11-30

9. *Women in Congress: Statistics and Brief Overview*, Congressional Research Service, updated January 31, 2022, accessed February 7, 2022, https://sgp.fas.org/crs/misc/R43244.pdf.

10. "Women CEOs of the S&P 500 (List)," Catalyst, March 25, 2022, https://www.catalyst.org/research/women-ceos-of-the-sp-500/.

11. Karry A. Dolan (ed.), Chase Peterson-Withorn (deputy ed.), and Jennifer Wang (deputy ed.), "The Forbes 400 2021," *Forbes*, accessed February 7, 2022, https://www.forbes.com/forbes-400/.

12. "A Profile of the Working Poor, 2016," *BLS Reports*, US Bureau of Labor Statistics, July 2018, accessed June 16, 2020, https://www.bls.gov/opub/reports/working-poor/2016/home.htm.

13. "The Great Resignation: Why People Are Leaving Their Jobs in Growing Numbers," NPR.org, October 22, 2021, accessed February 12, 2022, https://www.npr.org/2021/10/22/1048332481/the-great-resignation-why-people-are-leaving-their-jobs-in-growing-numbers.

14. "Men Have Now Recouped Their Pandemic-Related Labor Force Losses While Women Lag Behind," National Women's Law Center, February 4, 2022, accessed February 12, 2022, https://nwlc.org/resource/men-recouped-losses-women-lag-behind/

15. "Low-Paid Women Workers on the Front Lines of COVID-19 Are at High

Risk of Living in Poverty, Even When Working Full-Time," National Women's Law Center, April 2, 2022, accessed February 13, 2022, https://nwlc.org/press-release/low-paid-women-workers-on-the-front-lines-of-covid-19-are-at-high-risk-of-living-in-poverty-even-when-working-full-time/.

16. Gus Wezerek and Kristen R. Ghodsee, "Women's Unpaid Labor Is Worth $10,900,000,000,000," *The New York Times*, March 5, 2020, https://www.nytimes.com/interactive/2020/03/04/opinion/women-unpaid-labor.html.

17. Clare Coffey et al., "Time to Care: Unpaid and Underpaid Care Work and the Global Inequality Crisis," Oxfam, January 20, 2020, https://doi.org/10 .21201/2020.5419.

18. Heidi I. Hartmann, "The Unhappy Marriage of Marxism and Feminism Towards a More Progressive Union," *Capital & Class* 3, no. 2 (July 1, 1979): 33.

19. 在假名选择上有个奇异的趋势。我注意到女人倾向于选择让她们听上去在人种和民族上区分度更低的名字或更像白人的名字。我尊重她们的选择，但要注意，不是所有名字听起来像白人的女人都是白人。

第一章

1. Tattwamasi Paltasingh and Lakshmi Lingam, "'Production' and 'Reproduction' in Feminism: Ideas, Perspectives and Concepts," *IIM Kozhikode Society & Management Review* 3, no. 1 (June 17, 2014): 45–53, https://doi.org/10.117 7/2277975214523665.

2. Marianne A. Ferber, "A Feminist Critique of the Neoclassical Theory of the Family," in *Women, Family, and Work*, ed. Karine S. Moe (Oxford: John Wiley & Sons, 2007), 9–24, https://doi.org/10.1002/9780470755648.ch2.

3. Gail D. Heyman and Jessica W. Giles, "Gender and Psychological Essentialism," *Enfance; Psychologie, Pedagogie, Neuropsychiatrie, Sociologie* 58, no. 3 (July 2006): 293–310.

4. Gina Rippon, *The Gendered Brain: The New Neuroscience That Shatters the Myth of the Female Brain* (London: The Bodley Head, 2019).

5. Gina Rippon, "The Trouble with Girls? Gina Rippon Asks Why Plastic Brains

Aren't Breaking Through Glass Ceilings," *The Psychologist* 29 (December 2016): 918–23, https://thepsychologist.bps.org.uk/volume-29/december-2016/trouble-girls.

6. 少量学术研究试图将情绪劳动作为一个独立类别进行测量，发现情绪劳动更多作为明确的性别表达由女人完成。

2005 年，社会学家瑞贝卡·埃里克森在一篇有关该主题、颇有影响力的文章中，将情绪劳动定义为"社会情绪行为"或"维持家庭成员关系的活动"。文中使用了 355 名异性恋已婚双职工父母的数据，发现除育儿和家务，在家中承担情绪相关工作的主力是女人。

她发现，那些觉得自己人格特质上更善于表达的男人 —— 情绪上更敏感，更常调整自己以适应他人，更温和 —— 比起传统上更男性化的对照样本男人 —— 这些人觉得自己更果断、更自信、更奋发努力 —— 做了更多情绪劳动。但她也发现，所有女人，不管性格特质如何，包括那些觉得自己不善于表达的女人，觉得自己果断、不太以他人为导向的女人，都做了更多情绪劳动。更重要的是，埃里克森发现，做更多情绪劳动的男人觉得做这种劳动是人格的表达，而所有人格特质类别的女人都将情绪劳动视为她们不成比例地提供的"家庭工作角色"的一部分。

见 Rebecca J. Erickson, "Why Emotion Work Matters: Sex, Gender, and the Division of Household Labor," *Journal of Marriage and Family* 67, no. 2 (May 2005): 337–51, https://doi.org/10.1111/j.0022-2445.2005.00120.x.

7. Laurie A. Rudman and Kimberly Fairchild, "Reactions to Counterstereotypic Behavior: The Role of Backlash in Cultural Stereotype Maintenance," *Journal of Personality and Social Psychology* 87, no. 2 (2004): 157–76, https://doi.org /10.1037/0022-3514.87.2.157.

8. 如果被知觉为某种性别的成员偏离期待的特征，这种监督机制会威胁他们。这被称为"反刻板印象后坐力"。Jordan Peterson, "Weak Men Can't Be Virtuous," Interview, GeenStijl, January 23, 2018, https://www.youtube.com/watch?v=bWYrAU5mmXE; Nicole Lyn Pesce, "Donny Deutsch: Elizabeth Warren's Problem in the Polls Is That She's Strident and Unlikable," MarketWatch, February 7, 2020, accessed July 6, 2020, https://

www.marketwatch.com/story/donny-deutsch-elizabeth-warrens-problem-in-the-polls-is-that-shes-strident-and-unlikable-2020-02-07.

9. 尽管在舆论界本质主义思想仍占主导地位，例如精神病学家西蒙·巴伦－科恩提出的共情－系统化理论，该理论认为男性有更强的系统化特质，而女性有更强的共情特质，这存在"生物学基础"，但这在很大程度上仍是有争议的。Simon Baron-Cohen, Rebecca C. Knickmeyer, and Matthew K. Belmonte, "Sex Differences in the Brain: Implications for Explaining Autism," *Science* 310, no. 5749 (November 4, 2005): 819–23, https://doi.org/10.1126/science.1115455. For an exploration of the controversy, see Angela Saini, *Inferior: How Science Got Women Wrong—and the New Research That's Rewriting the Story* (Boston: Beacon Press, 2017), https://www.penguin-randomhouse.com/books/553867/inferior-by-angela-saini/9780807010037.

10. Kristi J. K. Klein and Sara D. Hodges, "Gender Differences, Motivation, and Empathic Accuracy: When It Pays to Understand," *Personality and Social Psychology Bulletin* 27, no. 6 (June 1, 2001): 720–30, https://journals.sagepub.com/doi/10.1177/0146167201276007.

11. William Ickes, Paul R. Gesn, and Tiffany Graham, "Gender Differences in Empathic Accuracy: Differential Ability or Differential Motivation?," *Personal Relationships* 7 (2000): 95–109, accessed June 27, 2019, https://www.academia.edu/22072178/Gender_differences_in_empathic_accuracy_Differential_ability_or_differential_motivation.

12. Sara E. Snodgrass, "Women's Intuition: The Effect of Subordinate Role on Interpersonal Sensitivity," *Journal of Personality and Social Psychology* 49, no. 1 (1985): 146–55, https://doi.org/10.1037/0022-3514.49.1.146.

13. Tiffany Graham and William Ickes, "When Women's Intuition Isn't Greater Than Men's," in *Empathic Accuracy*, ed. William Ickes (New York: Guilford Press, 1997), 117–43.

14. 尽管本书主要关注各种各样的女性经历，但值得注意的是，作为一种因某人在权力差异的需求中处于劣势，而被强加的繁重劳动，情绪劳动并不是女性独有的经历。

15. *Knowledge at Wharton* Staff, "Managing Emotions in the Workplace: Do Positive and Negative Attitudes Drive Performance?," *Knowledge at Wharton*, April 18, 2007, accessed April 2, 2019, http://knowledge.wharton. upenn.edu/article/managing-emotions-in-the-workplace-do-positive-and-negative -attitudes-drive-performance/.

16. Sigal G. Barsade, "The Ripple Effect: Emotional Contagion and Its Influence on Group Behavior," *Administrative Science Quarterly* 47, no. 4 (December 2002): 644–75, https://doi.org/10.2307/3094912.

17. Jacques Charmes, "Time Use Across the World: Findings of a World Compilation of Time Use Surveys," UNDP Human Development Report Office, 2015, updated February 2016, 97; National Film Board of Canada, *Who's Counting? Marilyn Waring on Sex, Lies and Global Economics*, dir. Terre Nash, 1995 documentary film, https://www.nfb.ca/film/whos_counting/.

18. Marilyn Waring, *Counting for Nothing: What Men Value and What Women Are Worth*, 2nd ed. (Toronto; Buffalo, N.Y.: University of Toronto Press, 1999).

19. Cynthia Hess, Tanima Ahmed, and Jeff Hayes, "Providing Unpaid Household and Care Work in the United States: Uncovering Inequality," Institute for Women's Policy Research, January 2020, 26, https://iwpr.org/wp-content/uploads/2020/01/IWPR-Providing-Unpaid-Household-and-Care-Work-in-the-United-States-Uncovering-Inequality.pdf.

20. 夫妻双方均全职工作的家庭中，女性仍每天提供超过整整一小时的无薪工作。

21. 这些细微的差异不应被忽视，从中可能找到获得更平等结果的线索与解决方案。例如，对更平等的多种族伴侣如何分配家务做进一步的研究，多种族融合的伴侣很可能摆脱了一些他们所成长群体的期待，他们可能觉得有必要进行更明确的谈判，就像那些最平等的同性伴侣一样，不能依赖性别结构，而要明确地进行家务谈判。

22. 女性主义经济学家和社会科学家使用"再生产劳动"这个术语——与"生产劳动"相对立——描述培养抚育当前和未来世代正式、有偿工人的大量工作。没有再生产劳动，就没有生产劳动，因为没有维持社会运转的工人，就没有社会结构。

"使劳动得以再生产的无薪工作，是资本主义社会剥削女性的根源。因为这种劳动是期待我们完成的主要社会功能，也是其他每种工作和由此产生的财富积累的支柱。"西尔维娅·费德里奇写道，她是 20 世纪 70 年代家务有偿化运动背后的思想家之一。

当然，"再生产劳动"——包括持续的照护、供应和支持的情绪劳动——不只发生在无薪环境下，即使在我们的想象中这些可以简要概括为"家"这个概念。由于情绪劳动具有女性化、无形和在非市场环境下受冷落的特点，当其进入市场时，情绪劳动也容易被低估。学术领域的再生产劳动与非学术领域的情绪劳动并不严格相同，但二者在含义与后果上明显有重叠。

Silvia Federici, "Women, Reproduction and Globalization," in *Économie mondialisée et identités de genre* (Geneva: Graduate Institute Publications, 2002), 57–78.

23. "Graduation Rates by Race," Annie E. Casey Foundation, KIDS COUNT Data Center, accessed August 24, 2021, https://datacenter.kidscount.org/data/tables/6120-graduation-rates-by-race; "2021 Accountability," Mississippi Department of Education, accessed August 24, 2021, https://www.mdek12.org/OPR/Reporting/Accountability/2021.

24. "Indigo Williams, et al. v. Phil Bryant, et al.," Southern Poverty Law Center, accessed August 24, 2021, https://www.splcenter.org/seeking-justice/case-docket/indigo-williams-et-al-v-phil-bryant-et-al.

25. 经济学家兼国家经济协会主席妮娜·班克斯称，作为一种未曾计数、受到忽视的社会贡献，它不只发生在家庭动态内，也发生在不太受重视的社群中，在这些社群中，个体——通常是少数族裔或黑人女性——发现自己不得不采用更有权势社群中的人不需要使用的方式组织和照顾集体。Nina Banks, "Black Women in the United States and Unpaid Collective Work: Theorizing the Community as a Site of Production," *The Review of Black Political Economy* 47, no. 4 (December 1, 2020): 343–62, https://doi.org/10 .1177/0034644620962811.

第二章

1. Ryan Nunn, Jana Parsons, and Jay Shambaugh, *A Dozen Facts About the Economics of the US Health-Care System*, Brookings, March 10, 2020, https:// www.brookings.edu/research/a-dozen-facts-about-the-economics-of-the-u-s -health-care-system/

2. Derek Thompson, "Health Care Just Became the U.S.'s Largest Employer: In the American Labor Market, Services Are the New Steel," *The Atlantic*, January 9, 2018, https://www.theatlantic.com/business/archive/2018/01 / health-care-america-jobs/550079/.

3. Pamela Loprest and Nathan Sick, *Career Prospects for Certified Nursing Assistants: Insights for Training Programs and Policymakers from the Health Profession Opportunity Grants (HPOG) Program*, OPRE Report 2018–92 (Washington, DC: Office of Planning, Research, and Evaluation, Administration for Children and Families, US Department of Health and Human Services, August 2018), 1–48, https://www.urban.org/sites/default/files/ publication/99279/career_prospects_for_certified_nursing_assistants_0.pdf; "National Nursing Workforce Study," NCSBN, accessed August 3, 2020, https://www.ncsbn.org/workforce.htm.

4. "Occupations with the Most Job Growth," US Bureau of Labor Statistics, accessed August 3, 2020, https://www.bls.gov/emp/tables/occupations-most-job-growth.htm.

5. Elise Gould, *State of Working America Wages 2019: A Story of Slow, Uneven, and Unequal Wage Growth over the Last 40 Years*, Economic Policy Institute, February 20, 2020, accessed August 3, 2020, https://www.epi.org/publication /swa-wages-2019/.

6. "Living Wage Calculator," accessed November 24, 2020, https://livingwage. mit.edu/articles/61-new-living-wage-data-for-now-available-on-the-tool.

7. Olivia Marks, "The Train Driver, the Midwife and the Supermarket Assistant: Meet the 3 Front-Line Workers on the Cover of British *Vogue's* July Issue,"

British Vogue, June 1, 2020, accessed August 1, 2020, https://www.vogue.co.uk/news/article/keyworkers-july-2020-issue-british-vogue.

8. Molly Kinder, Laura Stateler, and Julia Du, *The COVID-19 Hazard Continues, but the Hazard Pay Does Not: Why America's Essential Workers Need a Raise*, Brookings, October 29, 2020, accessed November 21, 2020, https://www.brookings.edu/research/the-covid-19-hazard-continues-but-the-hazard-pay-does-not-why-americas-frontline-workers-need-a-raise/.

9. Roy F. Baumeister and Mark R. Leary, "The Need to Belong: Desire for Interpersonal Attachments as a Fundamental Human Motivation," *Psychological Bulletin* 117, no. 3 (June 1, 1995): 497–529, https://doi.org/10.1037/0033-2909.117.3.497. Psychologists find that people who are housing insecure and have mental health needs that continue to be unmet will find it far harder to hang on to housing once they find it than people who are housing insecure but have their mental health needs met. Michael Price, "More Than Shelter," *Monitor on Psychology* 40, no. 11 (December 2009): 58, accessed February 25, 2022, https://www.apa.org/monitor/2009/12/shelter.

10. Julianne Holt-Lunstad, Timothy B. Smith, and J. Bradley Layton, "Social Relationships and Mortality Risk: A Meta-Analytic Review," *PLOS Medicine* 7, no. 7 (July 27, 2010): e1000316, https://doi.org/10.1371/journal.pmed.1000316; J. S. House, K. R. Landis, and D. Umberson, "Social Relationships and Health," *Science* 241, no. 4865 (July 29, 1988): 540–45, https://doi.org/10.1126/science.3399889.

11. Steven W. Cole, "Social Regulation of Human Gene Expression: Mechanisms and Implications for Public Health," *American Journal of Public Health* 103, no. Suppl 1 (October 2013): S84–92, https://doi.org/10.2105/AJPH.2012.301183.

12. Evelyn Nakano Glenn, *Forced to Care: Coercion and Caregiving in America* (Cambridge, Mass.: Harvard University Press, 2010).

13. Sylvia A. Allegretto and David Cooper, *Twenty-Three Years and Still Waiting for Change: Why It's Time to Give Tipped Workers the Regular Minimum Wage*, Economic Policy Institute, July 10, 2014, accessed December 8, 2020,

https://www.epi.org/publication/waiting-for-change-tipped-minimum-wage/.

14. 麻省理工学院的工作人员称，2020 年的生活工资为每小时 16.54 美元。 Carey Ann Nadeau, "New Living Wage Data for Now Available on the Tool," *Living Wage Calculator*, May 17, 2020, accessed December 8, 2020, https://livingwage.mit.edu/articles/61-new-living-wage-data-for-now -available-on-the-tool.

15. Allegretto and Cooper, *Twenty-Three Years and Still Waiting for Change*, 27.

16. Kalindi Vora, "Labor," in *Matter: Macmillan Handbooks: Gender,* ed. Stacy Alaimo (London: Routledge, 2017), 205–21, accessed April 20, 2019, https://www.academia.edu/38094297/_Labor._Chapter_14_in_MATTER_Macmillan_Handbooks_Gender._London_Routledge._Stacy_Alaimo_ed._2017.

17. Kerry Segrave, *Tipping: An American Social History of Gratuities* (Jefferson, N.C.: McFarland, 2009).

18. Mike Rodriguez, Teofilo Reyes, Minsu Longiaru, and Kalpana Krishnamurthy, "The Glass Floor: Sexual Harassment in the Restaurant Industry," Restaurant Opportunities Centers United, 2014, https://nature.berkeley.edu /agroecologylab/wp-content/uploads/2020/06/The-Glass-Floor-Sexual-Harassment-in-the-Restaurant-Industry.pdf.

19. *Take Off Your Mask So I Know How Much to Tip You: Service Workers' Experience of Health & Harassment During COVID-19*, One Fair Wage in partnership with UC Berkeley's Food Labor Research Center, November 2020, https://onefairwage.site/wp-content/uploads/2020/11/OFW_COVID_WorkerExp_Emb-1.pdf

20. Caroline Criado-Perez, *Invisible Women: Data Bias in a World Designed for Men* (New York: Abrams Press, 2019).

21. "Droit du Seigneur," *Encyclopedia Britannica*, accessed December 17, 2020, https://www.britannica.com/topic/droit-du-seigneur.

22. "White-Collar," *Cambridge English Dictionary*, accessed July 28, 2020, https://dictionary.cambridge.org/us/dictionary/english/white-collar.

23. Sheryl Sandberg, *Lean In: Women, Work, and the Will to Lead* (New York:

Alfred A. Knopf, 2013), accessed January 20, 2021, https://leanin.org /book.

24. According to the nonprofit organization that was created in the book's name; "About," Lean In, accessed July 29, 2020, https://leanin.org/about.

25. "How Millennials Get News: Inside the Habits of America's First Digital Generation," American Press Institute, March 16, 2015, https://www. americ anpressinstitute.org/publications/reports/survey-research/millennials- news/.

26. Laura Guillén, Margarita Mayo, and Natalia Karelaia, "Appearing Self Confident and Getting Credit for It: Why It May Be Easier for Men Than Women to Gain Influence at Work," *Human Resource Management* 57, no. 4 (2018): 839–54, https://doi.org/10.1002/hrm.21857.

27. Laurie A. Rudman and Kimberly Fairchild, "Reactions to Counterstereotypic Behavior: The Role of Backlash in Cultural Stereotype Maintenance," *Journal of Personality and Social Psychology* 87, no. 2 (2004): 157–76, https://doi.org /10.1037/0022-3514.87.2.157.

28. Daniel Goleman, *Emotional Intelligence*, 10th anniversary ed. (New York: Bantam Books, 2005).

第三章

1. Magali Figueroa-Sánchez, "Building Emotional Literacy: Groundwork to Early Learning," *Childhood Education* 84, no. 5 (August 1, 2008): 301–4, https://doi.org/10.1080/00094056.2008.10523030.

2. 这只是个一般性的观察结果，不是我遇到的所有学者都这样。特别是在我研究的早期阶段，有很多学者在采访中非常慷慨耐心地分享了他们的知识与时间。# 不是所有学者

3. Stephanie E. Jones-Rogers, *They Were Her Property: White Women as Slave Owners in the American South* (New Haven, Conn.: Yale University Press, 2019).

4. Nell Irvin Painter, "How We Think About the Term 'Enslaved' Matters," *The Guardian*, August 14, 2019, https://www.theguardian.com/us-news/2019 /

aug/14/slavery-in-america-1619-first-ships-jamestown.

5. Patricia A. Turner, *Ceramic Uncles and Celluloid Mammies: Black Images and Their Influence on Culture*, 1st University of Virginia Press ed. (Charlottesville: University of Virginia Press, 2002).

6. David Pilgrim, "The Mammy Caricature," Jim Crow Museum, Ferris State University, October 2000, updated 2012, accessed August 14, 2019, https:// www.ferris.edu/jimcrow/mammies/.

7. Evelyn Nakano Glenn, "From Servitude to Service Work: Historical Continuities in the Racial Division of Paid Reproductive Labor," *Signs* 18, no. 1 (1992): 1–43.

8. A Negro Nurse, "More Slavery at the South," *Independent*, January 25, 1912 (New York: The Independent, 1848–1921), vol. 72, pp. 196–200, accessed August 14, 2019, https://docsouth.unc.edu/fpn/negnurse/negnurse.html.

9. Kellie Carter Jackson, "'She Was a Member of the Family': Ethel Phillips, Domestic Labor, and Employer Perceptions," *WSQ: Women's Studies Quarterly* 45, no. 3–4 (October 26, 2017): 160–73, https://doi.org/10.1353/wsq.2017.0053.

10. 她在文章中对此进行了扩展:"学者认为,罗斯福新政创造了两级的等级制度:社会保障,在这一层,男性可以领取退休金和失业救济;福利救济,在这一层,特别是黑人女性被降级为社会依赖阶层。学者布里奇特·鲍德温主张,福利政策依据家庭是如何变成由单身女性主导,而进行了区别对待——'是通过死亡、离婚、遗弃还是单身母亲'(Bridgette Baldwin, "Stratification of the Welfare Poor: Intersections of Gender, Race, and 'Worthiness' in Poverty Discourse and Policy," *The Modern American*, Spring 2010, 4–14)。黑人家庭中的女性形象成为公众关注的焦点。鲍德温认为,新政计划最终未能以'成为有能力的母亲和有能力的工人'这两种方式保护黑人妇女(Baldwin, "Stratification of the Welfare Poor")。"

11. 就家政工作者整体来说是这样。见 Linda Burnham and Nik Theodore, *Home Economics: The Invisible and Unregulated World of Domestic Work*, National Domestic Workers Alliance, New York, 2012, accessed August 6, 2019, https://www.domesticworkers.org/reports-and-publications/

home-economics-the-invisible-and-unregulated-world-of-domestic-work/.

12. *Unfair Advantage: Workers' Freedom of Association in the United States Under International Human Rights Standards*, Human Rights Watch Report, 2000, accessed March 28, 2019, https://www.hrw.org/reports/2000/uslabor/index .htm#TopOfPage.

13. 第 23 条下面包括了四点，完全囊括了此时适用 / 侵犯的其他权利：

（一）人人有权工作、自由选择职业、享受公正和合适的工作条件并享受免于失业的保障。

（二）人人有同工同酬的权利，不受任何歧视。

（三）每一个工作的人，有权享受公正和合适的报酬，保证使他本人和家属有一个符合人的尊严的生活条件，必要时并辅以其他方式的社会保障。

（四）人人有为维护其利益而组织和参加工会的权利。

"Universal Declaration of Human Rights," https://www.un.org/en /universal-declaration-human-rights/.

14. "Are You Covered?," National Labor Relations Board, accessed March 29, 2019, https://www.nlrb.gov/about-nlrb/rights-we-protect/the-law/employees / are-you-covered.

15. Ariane Hegewisch and Heidi Hartmann, *The Gender Wage Gap: 2018 Earnings Differences by Race and Ethnicity*, Institute for Women's Policy Research, March 7, 2019, accessed August 6, 2019, https://iwpr.org/iwpr-general/the-gender-wage-gap-2018-earnings-differences-by-race-and-ethnicity/#:~:text=Men's%20real%20median%20weekly%20 earnings,1.9%20percent%20for%20Hispanic%20men).

16. Burnham and Theodore, *Home Economics*.

第四章

1. 见 Lisa Feldman Barrett, *How Emotions Are Made: The Secret Life of the Brain* (Boston: Houghton Mifflin Harcourt, 2017).

2. Paul Ekman, E. Richard Sorenson, and Wallace V. Friesen, "Pan-Cultural Elements in Facial Displays of Emotion," *Science* 164, no. 3875 (April 4, 1969): 86–88, https://doi.org/10.1126/science.164.3875.86.

3. Amy S. Wharton, "The Sociology of Emotional Labor," *Annual Review of Sociology* 35, no. 1 (2009): 147–65, accessed June 28, 2019, https://www.researchgate.net/publication/228173721_The_Sociology_of_Emotional_Labor.

4. Arlie Russell Hochschild, "Emotion Work, Feeling Rules, and Social Structure," *American Journal of Sociology* 85, no. 3 (1979): 551–75.

5. Alvin Chang, "Every Time Ford and Kavanaugh Dodged a Question, in One Chart," *Vox*, September 28, 2018, https://www.vox.com/policy-and-politics/2018/9/28/17914308/kavanaugh-ford-question-dodge-hearing-chart.

6. David Crary, "Kavanaugh-Ford Hearing: A Dramatic Lesson on Gender Roles," AP News, September 28, 2018, https://apnews.com/c3bd7b16ffdd4320a781d2edd5f52dea.

7. Kamala Harris, "Christine Blasey Ford," *Time*, n.d., accessed June 30, 2019, https://time.com/collection/100-most-influential-people-2019/5567675/christine-blasey-ford/.

8. 与情绪有关的社会化起到维持性别角色稳定分离的作用，这反过来又维持了两性之间的权力地位差异。Agneta Fischer, ed., *Gender and Emotion: Social Psychological Perspectives* (New York: Cambridge University Press, 2000).

9. Patricia Mazzei, Tariro Mzezewa, and Jill Cowan, "How Black Women Saw Ketanji Brown Jackson's Confirmation Hearing," *The New York Times*, March 25, 2022, https://www.nytimes.com/2022/03/25/us/ketanji-brown-jackson -black-women.html.

10. *Hillary*, Hulu, documentary, accessed March 14, 2022, https://www.hulu.com/series/hillary-793891ec-5bb7-4200-ba93-e3629532d670.

11. 加州大学伯克利分校的语言学教授罗宾·拉科夫在《语言与女性的地位》一书中指出，鼓励女性升调说话的语言规范强化了女性的二等地位。Robin Lakoff, "Language and Woman's Place," *Language in Society* 2,

no. 1 (1973): 45–80. Studies have consistently shown since that at best people are indifferent to upspeak, and at worst they associate it with the expression of a position of inferiority. "What's Up with Upspeak?," UC Berkeley Social Science Matrix, September 22, 2015, https://matrix.berkeley.edu/research/whats-upspeak.

12. 女权主义作家内奥米·沃尔夫在她 1990 年出版的开创性著作《美貌的神话》中描述了引入美貌作为审查女性的框架和歧视女性的工具，从而在性别平等言论兴起的同时让女性远离权力的手段。30 年后她的评论与分析模型显得更加真实。

13. 众所周知，审美标准有时间和文化特异性，在父权制下掌握着很高的奖赏和惩罚权。在美国，审美标准有着阶级歧视和白人至上主义的烙印。美国小姐曾经是只有白人能参加的比赛，直到 1970 年 —— 自 1921 年创办后的半个世纪 —— 才迎来第一位黑人参赛者。由于欧洲中心的审美标准，其在很多年里都被指责存在种族歧视问题。

近年来，长期存在的种族化的审美等级制度从内部得到了颠覆。在 2019 年底取得了历史性的进展，该领域最重要的五位冠军 —— 环球小姐、世界小姐、美国小姐、美利坚小姐和美国妙龄小姐 —— 都是黑人。

14. Peter Glick and Susan T. Fiske, "The Ambivalent Sexism Inventory: Differentiating Hostile and Benevolent Sexism," *Journal of Personality and Social Psychology* 70, no. 3 (1996): 491–512, https://doi.org/10.1037/0022-3514.70.3.491.

15. Chris Brown, "Chris Brown—Loyal (Official Video) ft. Lil Wayne, Tyga," directed by Chris Brown, March 24, 2014, music video, 4:31, https://www.youtube.com/watch?v=JXRN_LkCa_o.

16. 第一句歌词尤其露骨："我宁愿看到你死，小女孩 / 也不愿看到你和另一个男人在一起。" The Beatles, "Run for Your Life (Remastered 2009)," YouTube video, 2:21, 2018, https://www.youtube.com/watch?v=yzHXtxcIkg4.

17. Andrea Dworkin, *Intercourse*, 20th anniversary ed. (New York: Basic Books, 2006), 18–20.

18. 我最终在《卫报》上做了一个对艾波·罗斯的女权主义者侧写和采访，这是我迄今为止最喜欢的作品之一。答案永远是团结，而不是分裂。

19. Ann-Derrick Gaillot, "Some NFL Cheerleaders Make Less Than Minimum Wage," *The Outline*, August 3, 2017, accessed July 1, 2019, https://theoutline. com/post/2053/nfl-cheerleaders-are-horribly-underpaid.

20. Dina ElBoghdady, "'Clean' Beauty Has Taken Over the Cosmetics Industry, but That's About All Anyone Agrees On," *The Washington Post*, March 11, 2020, accessed March 5, 2021, https://www.washingtonpost. com/lifestyle/wellness/clean-beauty-has-taken-over-the-cosmetics-industry-but-thats-about-all-anyone-agrees-on/2020/03/09/2ecfe10e-59b3-11ea-ab68-101ecfec2532 _story.html.

21. Amanda Walker, "Inside $5bn Industry of Child Beauty Pageants," Sky News, December 30, 2015, accessed March 16, 2022, https://news.sky. com/story/inside-5bn-industry-of-child-beauty-pageants-10334507; Emily Regitz, "Beauty Pageants Can Lower Girls' Self-Esteem | Local Voices," Lancasteronline.com, January 12, 2020, accessed March 16, 2022, https:// lancasteronline.com/opinion/columnists/beauty-pageants-can-lower-girls-self -esteem/article_66bf9bb8-32f3-11ea-851c-0f8bcb8f15b2.html.

22. Brandon Champion, "Miss Michigan Reads Nasty Comments People Make, and She's 'Thankful' for Them," Mlive.com, Muskegon, Michigan, August 23, 2016, accessed June 30, 2019, https://www.mlive.com/news/ muskegon /2016/08/miss_michigan_responds_to_crit.html.

第五章

1. "Female Homicide Victimization by Males," Violence Policy Center, https:// vpc.org/revealing-the-impacts-of-gun-violence/female-homicide-victimiza tion-by-males/.

2. Liana Y. Zanette and Michael Clinchy, "Ecology of Fear," *Current Biology* 29, no. 9 (May 6, 2019): R309–13, https://doi.org/10.1016/j.cub.2019.02.042.

3. C. J. Chivers, "Fear on Cape Cod as Sharks Hunt Again," *The New York Times Magazine*, October 20, 2021, https://www.nytimes.com/interactive/2021/

10/20/magazine/sharks-cape-cod.html.

4. 美国国家司法研究所 2016 年的一项研究显示，美国原住民女性遭遇强奸的可能性是白人女性的 2.5 倍，她们中有超过一半曾面对性侵犯。见 André B. Rosay, "Violence Against American Indian and Alaska Native Women and Men," National Institute of Justice, June 1, 2016, accessed March 8, 2021, https://nij.ojp.gov/topics/articles/violence-against-american-indian-and-alaska-native-women-and-men.

受奴役者的黑人女性后裔也因历史上的性暴力而背负着遗传的创伤。2020 年 6 月，作家卡罗琳·兰道尔·威廉姆斯在《纽约时报》上写道，她有"强奸色的皮肤"。作为浅棕色皮肤的黑人女性，据亲友记忆来看，她的祖先都是黑人。她写道，家族历史转述了一些随后由 DNA 证实的事情：她是强奸黑人工人的白人男性的后裔。Caroline Randall Williams, "You Want a Confederate Monument? My Body Is a Confederate Monument," *The New York Times*, June 26, 2020, https://www.nytimes.com/2020/06/26/opinion/confederate-monuments-racism.html.

这类逸事得到研究证实。2020 年 7 月发表于《美国人类遗传学杂志》的论文显示，在美国，受奴役女性对奴隶黑人后代基因库的贡献率几乎是受奴役男性的两倍。而在大西洋奴隶贸易中被从非洲驱逐到美国的大部分是男性。该研究有五万人参与，揭露了白人男性强奸受奴役黑人女性的行为在遗传上的影响。Steven J. Micheletti et al., "Genetic Consequences of the Transatlantic Slave Trade in the *Americas*," *American Journal of Human Genetics* 107, no. 2 (August 6, 2020): 265–77, https://doi.org/10.1016/j.ajhg.2020.06.012.

5. 2020 年，人权运动组织称，针对跨性别者，特别是针对有色人种跨性别女性的暴力事件"泛滥成灾"。过去七年间，该组织设法追踪的 180 起针对跨性别者的谋杀中，五分之四的受害人是黑皮肤或棕皮肤的跨性别女性。对于跨性别女性，特别是有色人种跨性别女性来说，高威胁与厌女负担，使情绪劳动成为一种真的需要"赖以为生"的工作。Wyatt Ronan, "Pledge to End Violence Against Black and Brown Transgender Women," Human Rights Campaign, October 28, 2020, accessed

March 8, 2021, https://www.hrc.org/press-releases/pledge-to-end-violence-against-black-and-brown-transgender-women.

6. Rose Hackman, "Femicides in the US: The Silent Epidemic Few Dare to Name," *The Guardian*, September 26, 2021, accessed March 29, 2022, https://www.theguardian.com/us-news/2021/sep/26/femicide-us-silent-epidemic.

7. 实际数字可能更糟，因为这里使用的大多是仍非常不完整的 FBI 数据。并不是总能确定杀害女性的凶手是谁，部分地方警局不与联邦政府分享数据，FBI 数据也没有将前男友类凶手计入现任伴侣和前夫的类别。尽管如此，考虑到这个数字是低估后的结果，美国每年为亲密他人所性别化地杀害的女人比例高得惊人。"Female Homicide Victimization by Males."

8. "Leading Causes of Death—Females—All Races and Origins—United States, 2017," Centers for Disease Control and Prevention, accessed June 21, 2021, https://www.cdc.gov/women/lcod/2017/all-races-origins/index.htm.

9. Emiko Petrosky et al., "Racial and Ethnic Differences in Homicides of Adult Women and the Role of Intimate Partner Violence—United States, 2003–2014," *Morbidity and Mortality Weekly Report* 66, no. 28 (2017): 741–46, https://doi.org/10.15585/mmwr.mm6628a1.

    注：同类研究显示，针对男性的 IPV（亲密伴侣暴力）相关谋杀率在 2%~5%。

10. Chris Harris, "Miss. Optometrist Killed by Ex While Working at Walmart Clinic, Murderer Gets Life in Prison," *People*, August 3, 2021, accessed October 14, 2021, https://people.com/crime/mississippi-optometrist-killed-working-walmart-clinic-ex-gets-life-prison/.

11. Mattie Brice, "A Perspective on Unpaid Emotional Labor of Queer Acceptance—An Arse Elektronika Talk," *Mattie Brice* (blog), October 6, 2015, http://www.mattiebrice.com/a-perspective-on-unpaid-emotional-labor-of-queer-acceptance-an-arse-elektronika-talk/.

12. theorizingtheweb, "TtW18 #A3 QUEER RELATIONSHIPS," YouTube video, 1:11:05, 2018, https://www.youtube.com/watch?v=krEtr8YUcp8&t=1446s.

13. bell hooks, *All About Love: New Visions* (New York: William Morrow, 2000), 13, https://www.barnesandnoble.com/w/all-about-love-bell-hooks/1111 738180.

第六章

1. Hari Kondabolu, "Boys Will Be Boys," track 4 on *Mainstream American Comic*, Kill Rock Stars, 2016.

2. David A. Fahrenthold, "Trump Recorded Having Extremely Lewd Conversation About Women in 2005," *The Washington Post*, October 8, 2016, https://www.washingtonpost.com/politics/trump-recorded-having-extremely-lewd-conversation-about-women-in-2005/2016/10/07/3b9ce776-8cb4-11e6-bf8a-3d26847eeed4_story.html.

3. Juliet Macur and Nate Schweber, "Rape Case Unfolds on Web and Splits City," *The New York* Times, December 16, 2012, https://www.nytimes.com/2012/12/17/sports/high-school-football-rape-case-unfolds-online-and-divides-steubenville-ohio.html.

4. Associated Press, "Steubenville: Four Adults Charged in Ohio Rape Case," *The Guardian*, November 25, 2013, https://www.theguardian.com/world/2013/nov/25/steubenville-ohio-four-charged.

5. *Roll Red Roll*, directed by Nancy Schwartzman (Together Films: 2019), 80 min., https://rollredrollfilm.com/.

6. This has happened to me personally dozens of times off-line and on, with men I know and many more I do not—as a woman who writes about feminism-related issues.

7. Brian Heilman, Gary Barker, and Alexander Harrison, *The Man Box: A Study on Being a Young Man in the US, UK, and Mexico* (Washington, DC: Promundo-US and Unilever, 2017): 1–68, accessed September 28, 2020, https://promundoglobal.org/resources/man-box-study-young-man-us-uk-mexico/.

8. Lisa Feldman Barrett, *How Emotions Are Made: The Secret Life of the Brain*

(Boston: Houghton Mifflin Harcourt, 2017).

9. Barrett, *How Emotions Are Made*, 106.

10. Barrett, *How Emotions Are Made*, 82.

11. Barrett, *How Emotions Are Made*, 95.

12. Charles Darwin, *The Descent of Man* (London: John Murray, 1874), 326–27.

13. A couple of pages later (*The Descent of Man*, 328–29), Darwin talks of men's traits acquired and honed during "maturity" being passed down "more fully" to male as opposed to female offspring. "Thus man has ultimately become superior to woman," he concludes, seeking to apply erroneous evolutionary thinking to justify the difference in gender status.

14. Nellie Bowles, "Jordan Peterson, Custodian of the Patriarchy," *The New York Times*, May 18, 2018, https://www.nytimes.com/2018/05/18/style/jordan-peterson-12-rules-for-life.html.

15. Jordan B. Peterson, *12 Rules for Life: An Antidote to Chaos* (Toronto: Random House Canada, 2018).

16. "Elephant," Encyclopedia.com, https://www.encyclopedia.com/plants-and-animals/animals/vertebrate-zoology/elephant#J.

17. Suzanne W. Simard et al., "Mycorrhizal Networks: Mechanisms, Ecology and Modelling," *Fungal Biology Reviews* 26, no. 1 (April 2012): 39–60, https://doi.org/10.1016/j.fbr.2012.01.001.

18. Jordan B Peterson, "Chimpanzees and Dominance Hierarchies," YouTube video, 6:25, 2017, https://www.youtube.com/watch?v=Kyu0ip4RAn0.

19. Angela Saini, *Inferior: How Science Got Women Wrong—and the New Research That's Rewriting the Story* (Boston: Beacon Press, 2017), accessed April 24, 2019.

20. Janet S. Hyde and Janet E. Mertz, "Gender, Culture, and Mathematics Performance," *Proceedings of the National Academy of Sciences* 106, no. 22 (June 2, 2009): 8801–7, https://doi.org/10.1073/pnas.0901265106.

21. Michael Devitt, "CDC Data Show U.S. Life Expectancy Continues to Decline," American Academy of Family Physicians, December 10, 2018,

accessed March 22, 2022, https://www.aafp.org/news/health-of-the-public/20181210lifeexpectdrop.html.

22. Kenneth D. Kochanek, Robert N. Anderson, and Elizabeth Arias, "Changes in Life Expectancy at Birth, 2010–2018," National Center for Health Statistics, January 28, 2020, https://www.cdc.gov/nchs/data/hestat/life-expectancy/life-expectancy-2018.htm.

23. 包括药物过量在内的"意外伤害"是1~44岁人群的主要死因，而自杀是第二大死因。"Injuries and Violence Are Leading Causes of Death," Centers for Disease Control and Prevention, Injury Prevention & Control, February 28, 2022, https://www.cdc.gov/injury/wisqars/animated-leading-causes.html.

24. Andrea E. Abele, "The Dynamics of Masculine-Agentic and Feminine-Communal Traits: Findings from a Prospective Study," *Journal of Personality and Social Psychology* 85, no. 4 (November 1, 2003): 768–76, https://doi.org/10.1037/0022-3514.85.4.768; Paula England, "The Gender Revolution: Uneven and Stalled," *Gender & Society* 24, no. 2 (April 2010): 149–66, https://doi.org/10.1177/0891243210361475.

25. Heilman, Barker, and Harrison, *The Man Box.*

26. Robert Waldinger, "What Makes a Good Life? Lessons from the Longest Study on Happiness," TED Talk, 2016, https://www.youtube.com/watch?v=8KkKuTCFvzI.

27. Liz Mineo, "Good Genes Are Nice, but Joy Is Better: Harvard Study, Almost 80 Years Old, Has Proved That Embracing Community Helps Us Live Longer, and Be Happier," *The Harvard Gazette*, April 11, 2017, https://news.harvard.edu/gazette/story/2017/04/over-nearly-80-years-harvard-study-has-been-showing-how-to-live-a-healthy-and-happy-life/.

28. Ken R. Smith and Cathleen D. Zick, "Risk of Mortality Following Widowhood: Age and Sex Differences by Mode of Death," *Social Biology* 43, no. 1–2 (March 1996): 59–71, https://doi.org/10.1080/19485565.1996.9988913.

29. Allison R. Sullivan and Andrew Fenelon, "Patterns of Widowhood Mortality,"

The Journals of Gerontology: Series B 69B, no. 1 (January 2014): 53–62, https://doi.org/10.1093/geronb/gbt079.

第七章

1. "Cash Slaves," *Vice News*, October 22, 2015, https://www.vice.com/en/article/7bde84/cash-slaves-817.

2. Lauren Chief Elk, Yeoshi Lourdes, and Bardot Smith, "Give Your Money to Women: The End Game of Capitalism," *Model View Culture*, April 10, 2015, accessed May 15, 2019, https://modelviewculture.com/pieces/giveyourmoneytowomen-the-end-game-of-capitalism.

3. Jess Zimmerman, "'Where's My Cut?': On Unpaid Emotional Labor," *The Toast*, July 13, 2015, http://the-toast.net/2015/07/13/emotional-labor/.

4. "Where's My Cut?: On Unpaid Emotional Labor," MetaFilter.com, July 15, 2015, accessed July 8, 2019, http://www.metafilter.com/151267/Wheres-My-Cut-On-Unpaid-Emotional-Labor.

5. Wednesday Martin, "Poor Little Rich Women," *The New York Times*, May 16, 2015, https://www.nytimes.com/2015/05/17/opinion/sunday/poor-little-rich-women.html.

6. Silvia Federici, "Women, Reproduction and Globalization," in *Économie mondialisée et identités de genre* (Geneva: Graduate Institute Publications, 2002), 57–78.

7. Stephanie Coontz, *Marriage, a History: How Love Conquered Marriage* (New York: Penguin Books, 2006), https://www.penguinrandomhouse.com/books/291184/marriage-a-history-by-stephanie-coontz/.

8. Anil Ananthaswamy and Kate Douglas, "The Origins of Sexism: How Men Came to Rule 12,000 Years Ago," *New Scientist*, April 18, 2018, accessed April 16, 2021, https://www.newscientist.com/article/mg23831740-400-the-origins-of-sexism-how-men-came-to-rule-12000-years-ago/.

9. Henna Inam, "Bring Your Whole Self to Work," *Forbes*, May 10, 2018, https://

www.forbes.com/sites/hennainam/2018/05/10/bring-your-whole-self-to-work/.

10. Drew Goins and Alyssa Rosenberg, eds., "As More Companies Wade in, It's Time to Ask: Is Pride for Sale?," *The Washington Post*, June 20, 2019, accessed April 6, 2021, https://www.washingtonpost.com/graphics/2019/opinions/pride-for-sale/; Natasha Dailey, "Coca-Cola, Delta, United, and 7 Other Companies Blast Georgia's New Voting Law in a Wave of Corporate Backlash," April 5, 2021, accessed April 6, 2021, https://www.businessinsider.com/apple-united-delta-coke-companies-against-georgia-voting-law-elections-2021-4.

11. Jillian D'Onfro and Lucy England, "An Inside Look at Google's Best Employee Perks," Inc.com, September 21, 2015, https://www.inc.com/business-insider/best-google-benefits.html.

12. Marsha Sinetar, *Do What You Love, the Money Will Follow: Discovering Your Right Livelihood* (New York: Dell, 1989).

13. Eva Illouz, *Cold Intimacies: The Making of Emotional Capitalism* (Malden, Mass.: Polity Press, 2007).

14. Shankar Vedantam et al., "Emotional Currency: How Money Shapes Human Relationships," NPR, January 13, 2020, https://www.npr.org/2020/01/10/795246685/emotional-currency-how-money-shapes-human-relationships.

15. David Graeber, *Debt: The First 5,000 Years*, updated and expanded ed. (Brooklyn, N.Y.: Melville House, 2014); L. Randall Wray, "Introduction to an Alternative History of Money," *SSRN Electronic Journal*, 2012, https://doi.org/10.2139/ssrn.2050427; Bill Maurer, "How Would You Like to Pay?: How Technology Is Changing the Future of Money," October 14, 2015, https://doi.org/10.1215/9780822375173.

16. C. J. Fuller, "Review of *The Gift: The Form and Reason for Exchange in Archaic Societies*, by Marcel Mauss, trans. W. D. Halls," *Man* 27, no. 2 (June 1992): 431, https://doi.org/10.2307/2804090.

17. L. Randall Wray, "Introduction to an Alternative History of Money," *SSRN Electronic Journal*, Levy Economics Institute, Working Paper No. 717, May 2012, https://doi.org/10.2139/ssrn.2050427.

第八章

1. 近年来，新闻业中隐瞒真实姓名的做法，因易于造"假"而受到越来越多的攻击。这样做会使文章更容易被指责为虚构或歪曲。因此，大多数以信誉为豪的新闻机构都尽可能避免匿名，除非出现极端情况，例如，无法通过其他方式取得信息。我当时写的文章是投给《卫报》的，一篇关于性别平等的故事，包含茶巾和日程表等内容，这不足以成为隐瞒姓名的有力理由。但我现在明白了，女人自由表达意见，会使更多潜在的危险浮出水面，超过我们愿意承认的数量。更多新闻业做法，见 "Anonymous Sources," Associated Press, accessed April 26, 2021, https://www.ap.org/about/news-values-and-principles/telling-the-story/anonymous-sources.

2. Allison Daminger, "The Cognitive Dimension of Household Labor," *American Sociological Review* 84, no. 4 (August 1, 2019): 609–33, https://doi.org/10.1177/0003122419859007.

3. Michael J. Glantz et al., "Gender Disparity in the Rate of Partner Abandonment in Patients with Serious Medical Illness," *Cancer* 115, no. 22 (November 15, 2009): 5237–42, https://doi.org/10.1002/cncr.24577.

4. Fred Hutchinson Cancer Research Center, "Men Leave: Separation and Divorce Far More Common When the Wife Is the Patient," *ScienceDaily*, November 10, 2009, accessed April 27, 2021, https://www.sciencedaily.com/releases/2009/11/091110105401.htm.

5. David T. Wagner, Christopher M. Barnes, and Brent A. Scott, "Driving It Home: How Workplace Emotional Labor Harms Employee Home Life," *Personnel Psychology* 67, no. 2 (June 2014): 487–516, https://doi.org/10.1111/peps.12044.

6. Lyndall Strazdins and Dorothy H. Broom, "Acts of Love (and Work): Gender Imbalance in Emotional Work and Women's Psychological Distress," *Journal of Family Issues* 25, no. 3 (April 1, 2004): 356–78, https://doi.org/10.1177/0192513X03257413.

7. "2010 Stress in America: Gender and Stress," American Psychological

Association, 2012, accessed April 29, 2021, https://www.apa.org/news/press/releases/stress/2010/gender-stress.

8. Daniel L. Carlson et al., "The Gendered Division of Housework and Couples' Sexual Relationships: A Reexamination," *Journal of Marriage and Family* 78, no. 4 (2016): 975–95, https://doi.org/10.1111/jomf.12313.

9. Sabino Kornrich, Julie Brines, and Katrina Leupp, "Egalitarianism, House-work, and Sexual Frequency in Marriage," *American Sociological Review* 78, no. 1 (February 2013): 26–50, https://doi.org/10.1177/0003122412472340.

10. David A. Frederick et al., "Differences in Orgasm Frequency Among Gay, Lesbian, Bisexual, and Heterosexual Men and Women in a U.S. National Sample," *Archives of Sexual Behavior* 47, no. 1 (January 2018): 273–88, https://doi.org/10.1007/s10508-017-0939-z.

11. Sara I. McClelland, "Who Is the 'Self' in Self Reports of Sexual Satisfaction? Research and Policy Implications," *Sexuality Research and Social Policy* 8, no. 4 (December 2011): 304–20, https://doi.org/10.1007/s13178-011-0067-9.

12. Gayle Brewer and Colin A. Hendrie, "Evidence to Suggest That Copulatory Vocalizations in Women Are Not a Reflexive Consequence of Orgasm," *Archives of Sexual Behavior* 40, no. 3 (June 2011): 559–64, https://doi.org/10.1007/s10508-010-9632-1.

第九章

1. Paul Brand and Philip Yancey, *Fearfully and Wonderfully Made* (Grand Rapids, Mich.: Zondervan, 1997; orig. 1980), 68.

2. 值得注意的是，这个故事并未出现在米德自己的著作中，只在班德自己的回忆中提到了这个故事，而他这段参加她讲座的回忆写于米德去世两年后。虽然这个故事被当作事实广为流传，但没有任何原始来源。

3. "GDP (Current US$)," World Bank, accessed March 27, 2022, https://data.worldbank.org/indicator/NY.GDP.MKTP.CD; https://databank.worldbank.org/data/download/GDP.pdf.

4. Anshu Siripurapu, "The U.S. Inequality Debate," Council on Foreign Relations, last updated April 20, 2022, accessed March 27, 2022, https://www.cfr.org/backgrounder/us-inequality-debate.

5. David U. Himmelstein et al., "Medical Bankrupt cy: Still Common Despite the Affordable Care Act," *American Journal of Public Health* 109, no. 3 (March 1, 2019): 431–33, https://doi.org/10.2105/AJPH.2018.304901.

6. Gina Martinez, "GoFundMe CEO: One-Third of Fundraisers Are for Medical Costs," *Time*, updated January 30, 2019, accessed May 11, 2021, https://time.com/5516037/gofundme-medical-bills-one-third-ceo/.

7. "Get Help with Medical Fundraising," GoFundMe.com, accessed May 11, 2021, https://www.gofundme.com/start/medical-fundraising.

8. 新加坡可能是个有争议的例外，但其平均医疗保健费用只有美国的一半，而公民寿命比美国人长 4 年。

9. Gretchen Livingston and Deja Thomas, "Among 41 Countries, Only U.S. Lacks Paid Parental Leave," Pew Research Center, December 16, 2019, accessed May 11, 2021, https://www.pewresearch.org/fact-tank/2019/12/16/u-s-lacks-mandated-paid-parental-leave/.

10. Ashraf Khalil and Alan Fram, "COVID Relief Bill Could Permanently Alter Social Safety Net," AP News, March 12, 2021, accessed May 11, 2021, https://apnews.com/article/covid-19-relief-bill-social-safety-net-3bff45f1be9d5f7eb8cd7c14a51c6732.

11. "Demographics of the U.S. Military," Council on Foreign Relations, updated July 13, 2020, accessed March 27, 2022, https://www.cfr.org/backgrounder/demographics-us-military.

12. Wendy Sawyer and Peter Wagner, *Mass Incarceration: The Whole Pie 2022*, Prison Policy Initiative, press release, March 14, 2022, accessed March 27, 2022, https://www.prisonpolicy.org/reports/pie2022.html.

13. Sawyer and Wagner, *Mass Incarceration*.

14. National Partnership for Pretrial Justice (website), accessed May 17, 2021, https://www.pretrialpartnership.org/.

15. Gina Clayton et al., *Because She's Powerful: The Political Isolation and Resistance of Women with Incarcerated Loved Ones* (Los Angeles and Oakland, Calif.: Essie Justice Group, 2018), 95.

16. Jamil Zaki, *The War for Kindness: Building Empathy in a Fractured World* (New York: Crown, 2019).

17. F. Eugene Heath, "Invisible Hand," Britannica, accessed March 27, 2022, https://www.britannica.com/topic/invisible-hand.

18. Juliana Menasce Horowitz, Ruth Igielnik, and Rakesh Kochhar, *1. Trends in Income and Wealth Inequality*, Pew Research Center, January 9, 2020, https://www.pewresearch.org/social-trends/2020/01/09/trends-in-income-and-wealth-inequality/.

19. Tomas Chamorro-Premuzic, *Why Do So Many Incompetent Men Become Leaders? (and How to Fix It)* (Boston: Harvard Business Review Press, 2019).

20. Dimitri van der Linden et al., "Overlap Between the General Factor of Personality and Emotional Intelligence: A Meta-Analysis," *Psychological Bulletin* 143, no. 1 (2017): 36–52, https://doi.org/10.1037/bul0000078.

21. Peter K. Jonason and Jeremy Tost, "I Just Cannot Control Myself: The Dark Triad and Self-Control," *Personality and Individual Differences* 49, no. 6 (October 2010): 611–15, accessed May 12, 2021, https://www.sciencedirect.com/science/article/abs/pii/S0191886910002783.

22. Jill Byron, "Brand Authenticity: Is It for Real?," AdAge, March 23, 2016, https://adage.com/article/digitalnext/brand-authenticity-real/303191.

23. Henna Inam, *Wired for Authenticity: Seven Practices to Inspire, Adapt, & Lead* (Bloomington, Ind.: iUniverse, 2015), https://wiredforauthenticity.com/.

24. Karl Moore, "Authenticity: The Way to the Millennial's Heart," *Forbes*, August 14, 2014, https://www.forbes.com/sites/karlmoore/2014/08/14/authenticity-the-way-to-the-millennials-heart/.

25. Rob Haskell, "How Billie Eilish Is Reinventing Pop Stardom," *Vogue*, February 3, 2020, accessed May 11, 2021, https://www.vogue.com/article/billie-eilish-cover-march-2020.

26. Eeoc v. Catastrophe Management Solutions, 852 F. 3d 1018 (Court of Appeals, 11th Circuit 2016).

27. *NYC Commission on Human Rights Legal Enforcement Guidance on Race Discrimination on the Basis of Hair*, NYC Commission on Human Rights, February 2019, 10, https://www1.nyc.gov/assets/cchr/downloads/pdf/Hair-Guidance.pdf.

28. Liam Stack, "Yale's Halloween Advice Stokes a Racially Charged Debate," *The New York Times*, November 8, 2015, https://www.nytimes.com/2015/11/09/nyregion/yale-culturally-insensitive-halloween-costumes-free-speech.html.

29. Joey Ye, "Silliman Associate Master's Halloween Email Draws Ire," *Yale Daily News*, November 2, 2015, accessed May 17, 2021, https://yaledailynews.com/blog/2015/11/02/silicon-associate-masters-halloween-email-draws-ire/.

30. "Universal Declaration of Human Rights," United Nations, accessed March 28, 2022, https://www.un.org/en/about-us/universal-declaration-of-human-rights.

31. Jeff Truesdell, "Transgender Activist and Suspect's Wife Are Killed in Stabbing That Took Place in Front of Kids," People.com, May 4, 2021, accessed May 17, 2021, https://people.com/crime/transgender-activist-suspects-wife-killed-in-front-children/.

结语

1. Robert Block, "Justice Before Forgiveness, Say Families of Apartheid Victims," *Independent*, March 31, 1996, accessed October 23, 2011, https://www.independent.co.uk/news/world/justice-before-forgiveness-say-families-of-apartheid-victims-1344975.html.

2. "Emotional Justice," Armah Institute of Emotional Justice, accessed May 17, 2021, https://www.theaiej.com/emotional-justice.